Die Organisation des Lebendigen

Campus Forschung
Band 787

Dr. *Tobias Cheung* war wissenschaftlicher Mitarbeiter am Lehrstuhl für Landschaftsökologie der TU München und ist zur Zeit Mobusho-Stipendiat am Department of History and Philosophy der Tokyo University.

Tobias Cheung

Die Organisation des Lebendigen

Die Entstehung des biologischen Organismusbegriffs bei Cuvier, Leibniz und Kant

Campus Verlag
Frankfurt/New York

Gedruckt mit Unterstützung der Deutschen Forschungsgemeinschaft.
D 91

2. Auflage, unveränderter Nachdruck 2023
Druck und Bindung: Books on Demand

Die Deutsche Bibliothek – CIP-Einheitsaufnahme

Ein Titeldatensatz für diese Publikation ist bei
Der Deutschen Bibliothek erhältlich.
ISBN 3-593-36281-3

Druck und Bindung: Druckhaus »Thomas Müntzer«, Bad Langensalza
Gedruckt auf säurefreiem und chlorfrei gebleichtem Papier.
Printed in Germany

Meinen Eltern

Aber diese Serie von Dekomposition und Wiederherstellung führt, auf lange Sicht hin, den Stillstand aller Bewegungen der tierischen Maschine und damit den Tod des Individuums herbei.

Cuvier, *Leçons d'anatomie*

Inhalt

Vorwort

In der vorliegenden Arbeit beschäftige ich mich mit einer bestimmten Art des Denkens, dessen Logik von Foucault in seinem vielbeachteten fünften Kapitel der *Ordnung der Dinge*[1] eine „wilde Ontologie" (ontologie sauvage)[2] genannt wurde. Diese „wilde Ontologie" enthält das Konzept des biologischen Organismusbegriffs und zugleich das eines empirischen Dinges. Die Wildheit dieser Ontologie besteht darin, daß sie zunächst paradoxal zu sein scheint, da in ihr immer schon das vorausgesetzt werden muß, nämlich das Leben, was anschließend an den Erscheinungen eines empirischen Dinges erklärt werden soll. Dieses Paradox enthält jedoch eine Logik, durch die das Paradoxale der Wildheit erklärt werden kann. Foucault hat die Logik dieser „wilden Ontologie" an Cuviers Methode der vergleichenden Anatomie innerhalb der Naturgeschichte beschrieben. Diese Beschreibung wurde oft kritisiert[3], ohne jedoch das, worauf die Beschreibung hinauswollte, nämlich auf die Entstehung des biologischen Organismusbegriffs um 1800, grundlegend in Frage zu stellen. Wenn die Entstehung des biologischen Organismusbegriffs jedoch notwendig mit der „wilden Ontologie" verbunden ist, dann stellt sich die Frage, wie ein derartiger Zusammenhang wieder hergestellt werden könnte. Die Beantwortung dieser Frage ist zugleich das Ziel dieser Untersuchung. Dafür werde ich die Logik, die diesen Zusammenhang begründet, nicht nur exemplarisch an Cuvier beschreiben, sondern sie methodisch aus einer *anderen* Logik entwickeln. Diese andere

---

[1] Foucault, 1966. Originaltitel: '*Les mots et les choses*'.

[2] Ibid., 291.

[3] Für die große Anzahl der Kritiken bedarf es bereits einer eigenen Bibliographie. Ich verweise hier deshalb nur auf Schiller (*La notion d'organisation dans l'histoire de la biologie*, 1978) und Larson (*Interpreting Nature. The Science of Living Form from Linnaeus to Kant*, 1994).

Logik werde ich den Strukturkern der Monade nennen. Beide Denkarten werde ich über Kants Transzendentalphilosophie miteinander verbinden. Da die Logik des Strukturkerns der Monade sich selbst aus ihren Prinzipien erklärt, ohne auf etwas, was nicht Logik wäre (und von sich aus etwas *bedeuten* möchte), Bezug zu nehmen, nimmt ihre Analyse im Verhältnis zu derjenigen von Kants transzendentalem Erkenntnisapparat und seinem Erkenntnisbegriff, der auf der selbstgesetzten Einheit des Subjekts beruht, das die Welt, die ihm erscheint, verstehen möchte, nur einen geringen Umfang in dieser Untersuchung ein. Dieser geringe Umfang steht jedoch wiederum im umgekehrten Verhältnis zu der methodischen Bedeutung, die der monadische Strukturkern für die Rekonstruktion der Entstehung des biologischen Organismusbegriffs besitzt. Der Weg, den der Leser für diese Rekonstruktion zurücklegen muß, führt über die Darstellung des lebendigen Organismus in Cuviers vergleichender Anatomie zu den Philosophien von Leibniz und Kant, um anschließend das Konzept der vergleichenden Anatomie als Naturwissenschaft herauszuarbeiten und es letztlich in Beziehung zum monadischen Strukturkern zu setzen. Das Ziel dieser Untersuchung wird dann erreicht sein, wenn die Monadologie und die Transzendentalphilosophie sich aus den von ihnen gesetzten Grenzen lösen lassen (d. h. wenn sie nicht mehr *nur* Monadologie und *nur* Transzendentalphilosophie sind), und sich zwischen ihnen eine neue, die „wilde Ontologie" begründende Logik auftut, die den Begriff der Organisation des Lebendigen in der sich herausbildenden Biologie als Naturwissenschaft erklärt, zugleich aber nicht diejenige der Naturwissenschaften der Physik und der Chemie ist.

Das Konzept dieser Arbeit, die im Frühjahr 1995 an der Technischen Universität München als Dissertationsthema eingereicht wurde, ging aus dem Kontakt mit Ludwig Trepl hervor, dem ich sowohl für die Fährte als auch für seine langjährige, unermüdliche Kritik danken möchte. Peter Stevens möchte ich für die vielen Anregungen danken, die aus den wöchentlichen Treffen im Gray Herbarium hervorgegangen sind. Hans-Jörg Rheinberger gilt mein Dank für seine geduldige Lektüre umfangreicher Manuskripte und ihre anschließende Diskussion, für die er sich trotz seiner hohen Arbeitsbelastung am Max-Planck-Institut für Wissenschaftsgeschichte immer Zeit genommen hat. Ulrich Eisel bin ich für seine kritischen Anmerkungen zu einigen Kapiteln, vor allem jedoch für seine Überlegungen zur Entstehung des

Organismusbegriffs dankbar, die es mir überhaupt erst ermöglicht haben, den ersten Ansatz dieser Arbeit zu formulieren. Bei Peter McLaughlin bedanke ich mich für seine Bereitschaft, das Kant-Kapitel zu bearbeiten. Ilse Jahn danke ich für die vielen Nachmittage, an denen wir über Cuviers Platz in der Geschichte der Biologie gesprochen haben. Everett Mendelsohn danke ich für die lebhafte Zusammenarbeit am Department of the History of Science der Harvard-Universität, aus der sich viele neue Ideen für die Ausgestaltung der Arbeit entwickelt haben. Während meines Aufenthaltes in Paris haben Claire Salomon-Bayet, Claude Debru, Gabriel Gohau, Phillipe Taquet, Pietro Corsi, Marc Drouin, Anne Fagot-Largeault, Jean Gayon und Hervé le Guyader durch ihre vielfältigen Ratschläge den Fortgang der Arbeit beeinflußt. Ihnen allen sei mein Dank ausgesprochen. Die zahlreichen Diskussionen mit Studenten und Doktoranden am Lehrstuhl für Landschaftsökologie in Freising sowie im Arbeitskreis für theoretische Promotionen in der Biologie differenzierten meine Fragestellungen. Auch den zahlreichen Bibliotheksmitarbeitern im Muséum d`Histoire naturelle, Institut de France und dem Museum of Comparative Zoology sei für ihre Geduld für meine häufigen Sonderwünsche gedankt. Bei Hans-Jürgen Heß vom Leibniz-Archiv der Landesbibliothek in Hannover bedanke ich mich für seine umfassenden Auskünfte. Für die kritische Durchsicht der letzten Manuskripte danke ich Andreas und Christine Schinzel.

1. Einleitung

> „Die Idee des *Lebens* ist eine dieser allgemeinen und dunklen Ideen, die in uns dadurch entstehen, daß wir bestimmte Zusammenhänge der Erscheinungen sehen, die in einer konstanten Ordnung aufeinander folgen und sich durch wechselseitige Beziehungen erhalten. Obwohl wir das Wesen des Bandes, das sie vereint, nicht kennen[1], fühlen wir, daß das Band existieren muß.“[2]

In der „allgemeinen und dunklen Idee“ des Lebens, die aus einer bestimmten Ordnung in der Folge der Erscheinungen organischer Körper resultiert, beschreibt Cuvier am Anfang seines ersten mehrbändigen Werks, den *Leçons d'anatomie comparée*, genau um die Jahrhundertwende 1800 das Problem, an dem sich die vorliegende Arbeit orientieren wird. Das Problem besteht darin, daß das „Band“, das „die Erscheinungen des Lebens vereinigt“, zwar „gesehen“, jedoch in diesem Sehen von uns nur „gefühlt“ und „nicht erkannt“ wird. Wir können die „Ordnung“ in den Erscheinungen des „Lebens“, die sich „konstant durch wechselseitige Beziehungen erhalten“, aber nicht

---

[1] Cuvier verwendet hier anstelle des Französischen Verbs ‘connaître’ (erkennen) das Verb ‘ignorer’, das sowohl ‘ignorieren’ und ‘nicht beachten’ als auch ‘nicht kennen’ und ‘nicht wissen’ bedeuten kann.

[2] Cuvier, *Leçons d'anatomie*, 1800, Bd. I, 1. „L'Idée de la *vie* est une de ces idées générales et obscures produites en nous par certaines suites de phénomènes, que nous voyons se succéder dans un ordre constant et se tenir par se rapports mutuels. Quoique nous ignorions la nature du lien qui les unit, nous sentons que ce lien doit exister ...“ Allen Zitaten dieser Untersuchung wurde der Originaltext zugrundegelegt. Übersetzungen, die nicht selbst angefertigt worden sind, werden als solche gekennzeichnet.

einfach übersehen, da die Vorstellung ihrer Ordnung „*in* uns" durch ihre „Erscheinungen" entsteht. Wir „fühlen" deshalb, daß dasjenige, wovon wir eine „dunkle Idee" haben, nämlich das vereinende „Band" in der Ordnung der „Zusammenhänge der Erscheinungen" des Lebens, „existieren *muß*", auch wenn wir es, weil es unerklärlich zu sein scheint, ignorieren wollten. Diese dunkle Idee des Lebens wird in Cuviers vergleichender Anatomie zum Begriff der Organisation, der allen organischen Körpern zugrundeliegt.

Für Stevens hängt mit dem Begriff der Organisation in organischen Körpern am Ende des 18. Jahrhunderts „immer deutlicher die Überzeugung zusammen, daß es einen Unterschied zwischen Leben und Nicht-Leben gibt".[3] Die Unterscheidung in lebende organisierte und nicht-lebende, nicht-organisierte Körper ersetzt die am Anfang des 18. Jahrhunderts noch vorherrschende Einteilung der Natur in drei eigenständige Reiche, nämlich das der Mineralien, Pflanzen und Tiere[4], und trennt zugleich die *Scalae naturae*, in der sich die Naturobjekte „von den Gesteinen bis zum Menschen ... in kontinuierlichen Reihen nach dem Grad ihrer Komplexität anordnen ließen"[5], in zwei Reiche, die ineinander nicht überführbar sind.[6] Entsprechend sieht Schiller im Unterschied zwischen organisierten und nicht-organisierten Körpern ein „zweifaches Kriterium, sowohl trennend als auch vereinend", da er „das Lebendige vom Nicht-Lebendigen trennt und zugleich Pflanzen und Tiere in einem Reich vereint."[7] Im Organisationsbegriff der lebendigen Körper am Ende des 18. Jahrhunderts lassen sich verschiedene Ebenen unterscheiden, auf die sich das in ihm zum Ausdruck kommende Ordnungsverhältnis beziehen kann. Cassirer beschreibt die innere Ordnung der Organisation allgemein als ein bestimmtes, „zweckmäßiges" Verhältnis des Ganzen zu seinen Teilen: „Ein Ganzes heißt 'zweckmäßig', wenn in ihm eine solche Gliederung der Teile statthat, daß jeder Teil nicht nur *neben* dem

---

[3] Stevens, 1994, 197.
[4] Vgl. Foucault, 1966, 173-174: „Man hatte die Gewohnheit, die Dinge in der Natur in drei Klassen aufzuteilen: Die Mineralien, die man anhand ihres Wachstums erkannte, das weder Bewegung noch Empfindungsvermögen aufweist; die Pflanzen, die wachsen können und fähig zu Empfindungen sind; die Tiere, die sich spontan bewegen." Vgl. auch Jahn, 1990, 197.
[5] Mayr (1982, 201-202) und Jahn (1990, 244).
[6] Vgl. Lovejoy (1964, 183-207), Jacob (1970, 42-43, 100-101) und Schiller (1978, 4).
[7] Schiller, 1978, 4.

anderen steht, sondern daß er in seiner eigentümlichen Bedeutung auf ihn abgestimmt ist. Erst in einem derartigen Verhältnis wandelt sich das Ganze aus einem bloßen Aggregat in ein geschlossenes System, in welchem jedes Glied seine eigentümliche Funktion besitzt, alle Funktionen aber derart miteinander im Einklang stehen, daß sie sich sämtlich zu einer einheitlichen Gesamtleistung und Gesamtbedeutung zusammenfassen."[8] Für Jacob verweist das zweckmäßige Verhältnis des Ganzen zu seinen Teilen auf einen selbst nicht erscheinenden Grund in der Tiefe des Organismus: „Während des 18. Jahrhunderts beschrieb die Organisation noch nichts anderes als die Kombination der Strukturen oder das Mosaik der Elemente, durch die sich ein Wesen auszeichnet. Aber am Ende des Jahrhunderts verändert die Organisation ihre Bedeutung und ihre Funktion. Indem sie nach und nach an die Stelle des Sichtbaren tritt, entsteht ein verborgenes Fundament für das unmittelbar in der Beschreibung Wahrgenommene, für die Totalität des Wesens und seine Funktionsweise ... Wichtig ist nicht mehr die Differenz an der Oberfläche, sondern die Ähnlichkeit in der Tiefe."[9] Auch für Rheinberger wird durch das zunehmende Primat der Organisation in der sich herausbildenden Biologie eine sichtbare Ordnung durch eine Ordnung ersetzt, die auf einem verborgenen „Bauplan" in der „Tiefe" des Organismus beruht.[10] Ungerer bezieht sich hingegen auf den Prozeßcharakter eines „Ordnungsganzen" in der Organisation organischer Körper: „Es gibt da also eine bestimmte *Ordnung der Vorgänge*, die am 'Lebewesen' sich abspielen, und diese Ordnung wird unter den 'normalen Bedingungen' der Außenwelt trotz des Wechsels der Stoffe, aus denen dieses Naturding besteht, trotz des ganzen verwickelten Getriebes von Ursachen und Wirkungen *als eine Ordnung*, als ein *Ordnungsganzes* aufrechterhalten."[11] An diesem dynamischen Ordnungsganzen hebt Sutter die „Doppelbedeutung von 'Organisation' als Struktur und Prozeß"[12] hervor, die für McLaughlin „in der ständigen Erhaltung und Wiederherstellung der Teile des Organismus als

[8] Cassirer, 1994, 307.
[9] Jacob, 1970, 96-97. Vgl. Foucault, 1966, 277.
[10] Rheinberger, 1986, 243.
[11] Ungerer, 1922, 76.
[12] Sutter, 1988, 211.

organische Teile durch den Organismus selbst besteht."[13] Diese Einheit von Struktur und Prozeß bezeichnet Balan als eine „Identität in der Differenz" in der Ordnung des Organischen.[14] Während bisher die Organisation als innere Ordnung organischer Körper bezeichnet worden ist, leitet sich für Trepl in der später entstehenden Biologie aus dieser inneren Ordnung das „systematische" Verhältnis des Organismus zu seiner Umgebung ab. In diesem Verhältnis bilden „die Strukturen und Organe *durch Bezug aufeinander* bestimmte Systeme, regiert von Funktionen", durch die „Leben" als eine organisierte „Weise des Seins" ausgewiesen wird, und zwar als ein „Existieren ... in systematischer und kontinuierlicher Beziehung zum Umgebenden."[15] Auch in dem von Foucault beschriebenen Übergang der klassischen Naturgeschichte zur Biologie als Naturwissenschaft „begrenzt und verselbständigt sich das biologische Wesen" in seiner Organisation dadurch, daß es zu dem wird, „was ihm äußerlich ist und [zugleich] zu dem, was sich dennoch in ihm manifestiert."[16]

Die These dieser Untersuchung ist, daß die Zusammenhänge, die sich aus den verschiedenen Ebenen der Ordnung des organismischen Organisationsbegriffs am Ende des 18. Jahrhunderts ergeben, nämlich zwischen dem Ganzen und seinen Teilen, dem unsichtbaren Grund und seinen Erscheinungen, der Einheit in der Vielheit und der Einheit im Prozeß sowie zwischen der inneren Ordnung und ihrer Umgebung, auf einen gemeinsamen Strukturkern zurückgeführt werden können. Durch diese Rückführung soll die methodische Bedeutung des Begriffs der Organisation für die sich herausbildende Biologie verdeutlicht und zugleich ein Beitrag zu dem Problem geleistet werden, die Bedingungen der Möglichkeit einer Biologie als Naturwissenschaft bestimmen zu können.

Der Strukturkern der Organisation muß eine in sich zweckmäßige Ganzheit mit einer 'unsichtbaren' Tiefenstruktur in sich enthalten, die eine in sich verdoppelte, in ihrer Aktivität konstante und ihre Umgebung systematisch einbeziehende Ordnung repräsentiert, durch die sich lebende von nicht-lebenden Körpern unterscheiden lassen. Dieser Strukturkern

[13] McLaughlin, 1994, 104.
[14] Balan, 1979, 171.
[15] Trepl, 1994, 93-94.
[16] Foucault, 1966, 286.

organismischer Organisation kann in Leibniz` Monadenlehre, die er etwa 80 Jahre vor Cuviers Bestimmung des Lebens als einer „dunklen Idee“ verfaßt hat, methodisch rekonstruiert werden. Der Leibnizsche Strukturkern geht über seine Transformation in Kants transzendentalphilosophischem System, das organische Körper als Naturzwecke ausweist, auf den Lebensbegriff in der vergleichenden Anatomie über. Der Organisationsbegriff des Organismus, der von Cuvier entwickelt wird, repräsentiert wiederum paradigmatisch denjenigen der sich herausbildenden Biologie als Naturwissenschaft neben Physik und Chemie.

Nach der Analyse des organismischen Organisationsbegriffs in der vergleichenden Anatomie Cuviers wird zunächst der ihm implizite Strukturkern in Leibniz` Monadenlehre herausgearbeitet. Anschließend wird die Transformation des Leibnizschen Strukturkerns im Kantischen Begriff des Naturzwecks untersucht. Letztlich wird die Verwendung des transzendental umgewandelten Strukturkerns in Cuviers Konzept der Organisation des Lebendigen als emipirisches Ding einer Naturwissenschaft dargestellt.

2. Das *Être total* in der vergleichenden Anatomie Cuviers

Die organisierte Einheit organischer Körper bildet den methodischen Ausgangspunkt in der vergleichenden Anatomie Cuviers.[17] Zum Verständnis dieser organisierten Einheit wird zunächst Cuviers Konzeption ihrer einzelnen Komponenten in Form von Funktion, Struktur und Disposition einzelner Organe und das systematische Verhältnis der Organe zueinander untersucht. Daran schließt sich eine Analyse des von Cuvier dargestellten Zusammenhangs zwischen dem System der Organe und ihren äußeren Existenzbedingungen an, die auf die Darstellung der Totalität der Organisation im *Être total* überleitet.

2.1. Das Organ als Träger der organismischen Ordnung

Für Cuvier geht die innere Ordnung organischer Körper „aus der wechselseitigen Aktion und Reaktion aller Teile [des jeweiligen Körpers] hervor."[18] Den verschiedenen Aktionen und Reaktionen der einzelnen Teile lassen sich wiederum „Funktionen" des Körpers zuordnen, die „operieren", um eine bestimmte Form von Ordnung aufrechtzuerhalten: „Wir sprechen von verschiedenen partiellen Funktionen je nach der Ordnung, der sie in ihrer

[17] Vgl. Russell (1916, 34): „This thought, the recognition of the functional unity of the organism, is the fundamental one at the base of all Cuvier's work."

[18] Cuvier, *Leçons d'anatomie*, 1800-1805, Bd. I, 16. Ich werde im folgenden nur noch das Abschlußjahr der ersten Edition der *Leçons d'anatomie* (1805) angeben.

Aktivität folgen."[19] Die „Operationen", die den „Nahrungssaft" (fluide nourricier) präparieren, „konstituieren" die Funktion der Verdauung.[20] Sie verwirklicht sich durch die „Komposition" und „Dekomposition" fester oder flüssiger Anteile des Körpers: „Alle Funktionen der lebenden Körper werden letztlich durch variierende Kombinationen und Dekompositionen fester oder flüssiger Teile hervorgebracht, welche ihre Organe bilden ..."[21] Die Ordnung in organischen Körpern besteht damit grundlegend in dem Effekt einer Vielzahl von Aktivitäten, die sich in den Organen des Körpers verwirklichen.[22]

Die Funktionen des organischen Körpers erzeugen diese Ordnung, d. h. sie „operieren" (opérer) für etwas. Das Ziel des Operierens der Verdauungsfunktion ist die Herstellung eines Nahrungsbreis (fluide nourricier) „von welchem jedes Teil [des Körpers] die Elemente erhält, derer es bedarf"[23]. Die Funktionen können dabei durch einzelne „Organe" oder durch „Organapparate" (appareil des organs)[24] verwirklicht werden, die in ihrer Gesamtheit ein geschlossenes Funktionsgefüge als „organisches System" (système organique)[25], etwa aus Verdauung, Atmung und Reproduktion, bilden. Entsprechend handelt Cuvier die „Aktivitäten" (actions) der Leber, der Galle und der Pankreassäfte als Funktionen des Organapparats des Verdauungskomplexes ab[26], d. h. sie bilden einen Organapparat, „um den Akt der Verdauung auszuführen" (pour opérer l'acte de la digestion)[27]. Die Rolle von Organen in Organapparaten beschreibt Cuvier auch als „Teil-

---

[19] Cuvier, *Leçons d'anatomie*, 1805, Bd. III, 10.
[20] Cuvier, *Leçons d'anatomie*, 1805, Bd. III, 4.
[21] Cuvier, *Leçons d'anatomie*, 1805, Bd. V, 201.
[22] Vgl. Cuvier, *Leçons d'anatomie*, 1805, Bd. V, 204-205.
[23] Cuvier, *Leçons d'anatomie*, 1805, Bd. III, 4
[24] Cuvier, *Leçons d'anatomie*, 1805, Bd. V, 10. Organapparate setzen sich aus einzelnen Organen zusammen, die gemeinsam eine bestimmte Funktion ausführen, während einzelne Organe nicht wiederum aus Organen aufgebaut sind.
[25] Cuvier, *Leçons d'anatomie*, 1805, Bd. I, 92.
[26] Cuvier, *Leçons d'anatomie*, 1805, Bd. IV, 4-5. Vgl. Cuvier, *Leçons d'anatomie*, 1805, Bd. III, 1.
[27] Cuvier, *Leçons d'anatomie*, 1805, Bd. IV, 1. In den *Leçons d'anatomie* (1805, Bd. I, 35-45) führt Cuvier acht Organapparate im organischen Körper auf: „Die Organe der Bewegung, ... der Wahrnehmung, ... der Verdauung, ... der Zirkulation, ... der Atmung, ... der Stimme, ... der Fortpflanzung" und „der Sekretion".

Funktionen“ (fonctions partielles)[28], deren Aktivitäten in die übergeordnete Funktion des Organapparats integriert werden. Das Organ und der Organapparat im Ganzen weisen dabei eine für ihre gerichtete Aktivität spezifische „Organisation“ auf, etwa die „Organisation, den Akt der Verdauung auszuführen.“[29] Die Funktionseinheit der organischen Körper beruht wiederum auf einer alle Organe umfassenden „*inneren Organisation*“ (organisation interne)[30]. Diese innere Organisation stellt den Grund der Gerichtetheit aller Funktionen des Körpers dar. In ihr liegt die „Essenz der Natur“[31] des organischen Körpers. Sie regelt die Aktivität ihrer Teile auf die gleiche Weise, „wie die Gleichung einer Kurve alle ihre Eigenschaften bestimmt“[32]. Sie wird verwirklicht durch die Spezifik der Anatomie ihrer Organe, die sich über ihre Struktur und ihre „Disposition“[33], die ihre Anordnung untereinander bezeichnet, in der physischen Ordnung des Körpers bestimmen läßt. Zunächst soll der Zusammenhang zwischen Funktion, Struktur und Disposition im Begriff des Organs dargelegt werden, um anschließend auf den systematischen Zusammenhang der Organe untereinander eingehen zu können.

2.2. Der Zusammenhang zwischen Funktion, Struktur und Disposition des Organs

Jede Funktion des organischen Körpers realisiert sich in einem anatomisch-physiologischen Komplex, der bestimmten Organen zugeordnet werden kann[34]: Einerseits ist die Atmung der Effekt des Zusammenwirkens von

---

[28] Cuvier, *Leçons d'anatomie*, 1805, Bd. V, 9.

[29] Ebd.

[30] Cuvier, *Leçons d'anatomie*, 1805, Bd. I, 82. Meine Hervorhebungen.

[31] Cuvier, ‘Animal’, 1816, 173. Cuvier bezeichnet die Organisation auch als „Essenz des Lebens“ (essence de la vie). (*Leçons d'anatomie*, 1805, Bd. I, 5)

[32] Cuvier, *Discours préliminaire* 1812, 61.

[33] Vgl. Cuvier, *Rapport historique*, 1810, 264-265, 316.

[34] Es ist nicht notwendig, daß jede Funktion des Körpers durch ein ihr spezifisches Organ verwirklicht wird. Vgl. Cuvier, *Leçons d'anatomie*, 1805 (Bd. V, 214): „... sie [die Transpiration] hat kein Organ, das ihr speziell zubestimmt ist. Die Enden der Hautadern

bestimmten Geweben und Muskeln, etwa den Lungen, dem Herz und den Adern der Säugetiere.[35] Andererseits ist es „die Eigenschaft chemischer Operationen, welche den Prozeß der Atmung bestimmt."[36] Die „Struktur" der Organe bezeichnet damit für Cuvier sowohl den sichtbaren Komplex eines Gewebetyps[37] als auch deren „Flüssigkeiten". Die verschiedenen Gewebetypen und Zusammensetzungen von Flüssigkeiten stellen die „Träger" (agents) der funktionalen Eigenschaft des Organs dar. Der „Nervensaft" wird zum „Träger" der „Funktionen des Nervensystems".[38]

Da die Funktionen im Körper nur über ihre Rolle in der Ordnung des Funktionsgefüges des ganzen Körpers als Effekt ihrer Operation bestimmt werden, gibt es keine *bestimmte* Struktur von Geweben und Flüssigkeiten, durch die sie notwendig in jedem Organismus ausgeführt werden müssen. Verschiedene Gewebetypen können der gleichen Funktion dienen, nicht jedoch können alle Gewebetypen jede Funktion verwirklichen. Welche Kombinationen vorkommen, kann allein die Erfahrung an sezierten organischen Körpern erbringen.

Seine anatomischen Untersuchungen führen Cuvier zu dem Schluß, daß dasjenige, „was jeder Gattung von Organen in allen Tieren gemeinsam ist, sich auf sehr wenig reduziert, und daß sie [alle Gattungen von Organen] sich nur durch den Effekt gleichen, den sie hervorbringen."[39] Der Magen der Polypen übernimmt die Funktion des Herzens der Wirbeltiere innerhalb des Organapparats der Zirkulation: „Wenn diese intestinalen Kanäle [der Polypen] als Gefäße angesehen werden, dann wäre es der Magen, der die

---

oder die Gefäße, die von diesen Arterien abgehen, ohne dabei ein konkretes System zu bilden, scheinen sie auszuatmen ..."

[35] Cuvier, *Leçons d'anatomie*, 1805, Bd. IV, 354 ff.

[36] Cuvier, *Leçons d'anatomie*, 1805, Bd. I, 91-92.

[37] Im Artikel 'Animal' (1816, 162-164) führt Cuvier drei Gewebetypen auf, die „das ganze solide Gebäude (édifice solide) des tierischen Körpers bilden": 1. „Zelluläres Gewebe" (tissu cellulaire), das aus „unzählbaren kleinen Schichten" besteht, „schwammartige" Konsistenz hat und „kontraktil" ist. 2. „Irritable Fasern" (fibres irritables), die „fleischig oder muskulös" sind und aus „Filamenten" bestehen. 3. Die „medulläre Substanz" (substance médullaire), die weder kontraktil noch irritabel ist und aus einem „homogenen Brei" besteht, der „die Empfindungen leitet und dem Willen als Instrument dient, den Muskeln Anweisungen zu geben."

[38] Cuvier, *Règne animal*, 1817, Bd. I, 33.

[39] Cuvier, *Leçons d'anatomie*, 1805, Bd. I, 34.

Funktionen des Herzens übernimmt."[40] Bei der Betrachtung des Verdauungsapparats der Muscheln kommt Cuvier zu dem Schluß, „daß die Muscheln ihren Mund am Hintern hätten"[41]. Die Funktion der Atmung findet sich in allen organischen Körpern, jedoch in „sehr verschiedener Weise"[42]. Es lassen sich hierbei drei Grundtypen der Struktur der Organisation der Atmung unterscheiden: Lungen, Kiemen und Tracheen.[43] Sie erfüllen alle dieselbe Funktion. Aber sie haben alle eine andere Struktur. Es ist deshalb möglich, zu sagen, daß sie alle „das gleiche Organ" (le même organe) darstellen, jedoch mit „einer gänzlich verschiedenen Struktur" (une structure tout-à-fait différente).[44] Der von Tracheen durchsetzte Körper der Insekten entspricht dem Atmungsapparat der Säugetiere, so daß „ihr ganzer Körper eigentlich eine Lunge ist."[45]

Durch die Trennung von Funktion und Struktur kann Cuvier auf vier Ebenen Analogien zwischen organischen Körpern anführen. Zunächst können, wie bereits gezeigt worden ist, unterschiedliche „Strukturen" eine analoge Funktion erfüllen: „ ...das heißt, daß dasselbe Organ in verschiedenen [taxonomischen] Klassen, manchmal sogar selbst in einer einzigen Klasse, eine gänzlich unterschiedliche Struktur aufweist."[46] Des weiteren kann in Sonderfällen eine ähnliche „Struktur" in verschiedenen organischen Körpern in ihrem „Gebrauch entfremdet" (dénaturée dans l'usage) oder

---

[40] Cuvier, *Leçons d'anatomie*, 1805, Bd. IV, 167.

[41] Brief an Pfaff vom 31. Dezember 1790, in: Behn, 1845, 211.

[42] Cuvier, *Leçons d'anatomie*, 1805, Bd. I, 16. Vgl. Ibid., 34-35: „Dies muß in Hinsicht auf die Atmung erstaunen, welche in den verschiedenen Klassen mithilfe derart unterschiedlicher Organe operiert, daß ihre Struktur keine Gemeinsamkeiten aufweist."

[43] Cuvier, *Leçons d'anatomie*, 1805, Bd. I, 29.

[44] Cuvier, *Leçons d'anatomie*, 1805, Bd. V, 213.

[45] Cuvier, *Leçons d'anatomie*, 1805, Bd. I, 57. Vgl. Cuvier, 'Mémoire sur la structure interne et externe ...' (1795, 38) und *Leçons d'anatomie* (1805, Bd. III, 555, Bd. IV, 113). In einem Brief an Pfaff (31. Dezember 1790, in: Behn, 1845, 210) vergleicht Cuvier die „grosse, knorplichte, also nicht zusammenfallende Luftröhre" eines „neugeborenen Kindes" mit den Tracheen der Insekten. Es können sich auch verschiedene Organstrukturen innerhalb desselben Organisationstyps in ihrer Funktion ähneln, etwa die Haut und der Darm (*Règne animal*, 1817, Bd. I, 41): „ ... die Haut übt eine den Eingeweiden sehr ähnliche Absorption aus."

[46] Cuvier, *Leçons d'anatomie*, 1805, Bd. V, 213.

„maskiert“ (masquée) sein, wie etwa die Flügel der Fledermäuse und die Flossen der Wale.[47]

In einem dritten Fall können sowohl die Funktionen als auch die Strukturen unter organischen Körpern übereinstimmen, jedoch die Disposition der einzelnen Organe völlig verschieden voneinander sein: „ ... dieser Apparat aus organischen Teilen [der Polypen ist] genauso entwickelt und [besitzt] die gleichen Eigenschaften wie bei den Wirbeltieren. Er gehört jedoch im Hinblick auf ... das allgemeine Arrangement[48], innen wie außen, einem gänzlich verschiedenen Wesen an. Diese Fasern, dieses Rückenmarksgewebe, diese Arterien, diese Venen, diese Herzklappen, dieses Parenchym, diese Eingeweide, dieses Auge, alles gleicht sich von Grund auf, und alles ist auf andere Weise ineinandergefügt, anders kombiniert ..., wir finden hier ungefähr alle Funktionen wieder, welche im Fisch vorkommen, und dennoch besteht keine Ähnlichkeit, keine Analogie in der Disposition.“[49]

Letztlich können sowohl die Funktionen als auch die Strukturen und Dispositionen der Organe in organischen Körpern übereinstimmen. In einem solchen Fall kann Cuvier die verschiedenen organischen Körper einer einzigen „Organisationsart“ (espèce d`organisation)[50] oder einem Organisationstypus zuordnen. Einzelne Strukturen können dabei innerhalb einer Organisationsart, etwa bei den Walen als Säugetieren, „maskiert“ sein, da

---

[47] Cuvier, ‘Seconde Mémoire sur l`organisation et les rapports des animaux à sang blanc’, 1795, 434.

[48] Cuvier unterscheidet die „Disposition“ einzelner Organe vom „Arrangement“ des ganzen organischen Körpers. Vgl. Cuvier, *Considérations sur les Mollusques ...*, 1830, 244-245. Das Arrangement bezeichnet die „generelle Disposition der Organe“ (disposition générale des organes). (Cuvier, *Leçons d`anatomie*, 1805, Bd. I, 113)

[49] Cuvier, ‘Mémoire sur les Céphalopodes ...’, 1817, 42.

[50] Cuvier verwendet diesen Ausdruck nur in einem seiner Manuskripte (Institut de France, Manuskript 3172 (Fonds Cuvier 172), Des méthodes, S. 2, unveröffentlicht). Er erwähnt jedoch auch den „Typus“ einer Organisation. Vgl. Cuvier, *Leçons d`anatomie*, Bd. III, 10: „Wir werden zunächst auf die Organe der Wirbeltiere eingehen, als ein Typus (type), nach welchem wir die Organe der anderen [Tiere] behandeln werden, wenn sie irgendeine Analogie aufweisen.“ In den wissenschaftlichen Arbeiten über Cuvier findet sich meist der Begriff des ‘Organisationstyps’, den ich im folgenden als Synonym zur Organisationsart und zum Typus benutzen werde. Vgl. Foucault (1970, 67), Farber (1976, 107) und Mayr (1982, 461).

derartige Maskierungen nur „akzidentielle Verhältnisse" (rapports accidentiels)[51] betreffen.

Das Organ ist damit durch seine physische Struktur in Form des Zusammenhangs verschiedener Gewebe und Flüssigkeiten Träger einer Funktion für eine bestimmte Operation im organischen Körper. Wenn Funktionen, Strukturen und Dispositionen der Organe verschiedener Körper übereinstimmen, können die organischen Körper einem Organisationstyp zugeordnet werden. Die Übereinstimmung von Funktionen, Strukturen und Dispositionen im Organsiationstyp führt Cuvier auf einen systematischen Zusammenhang der Organe zurück, der im folgenden Kapitel dargestellt werden soll.

2.3. Das geschlossene System der Organe

Die Einheit eines Organismus wird durch die physische Grenze seines Körpers, seine Oberfläche, nur angezeigt, nicht jedoch begründet. Die Einheit resultiert vielmehr aus der Geschlossenheit des funktionalen und strukturellen Gefüges seiner Organe in einem „organisierten Ganzen": „Jedes organisierte Ganze formt ein Ensemble, ein einzigartiges und geschlossenes System, dessen Teile miteinander korrespondieren und die zu einer bestimmten Aktivität durch ihre wechselseitigen Reaktionen (une action définitive par une réaction réciproque) zusammenwirken."[52] Die Koordination der Effekte der Prozesse und der Strukturen der Organe beschreibt Cuvier dabei als eine „Art Zirkel" (espèce de cercle)[53], in dem jeder Effekt auch selbst wiederum Ursache ist. Die Zirkulation des Blutes hat in Wirbeltieren „ihren Grund in der muskulären Tätigkeit des Herzens und der Arterien; sie operiert daher nur mit Hilfe der Irritabilität. Diese hat ihrerseits ihren Ursprung in der Nervenflüssigkeit, und damit in der Funktion der Wahrnehmung, welche *in einer Art Zirkel* zur Zirkulation aufsteigt, welche [wiederum] die Ursache (cause) aller Sekretionen, der Nervenflüssigkeit wie

---

[51] Cuvier, 'Animal', 1816, 173.
[52] Cuvier, *Discours préliminaire*, 1812, 58.
[53] Cuvier, *Leçons d'anatomie*, 1805, Bd. I, 46.

der anderen, ist."[54] Die einzelnen Organapparate sind daher zu einem „organischen System" (système organique) zusammengeschlossen, so daß jede ihrer „Dispositionen nur mit derjenigen zusammen bestehen kann, die den Atmungsorganen entsprechen; diese stehen wiederum mit den festgelegten Dispositionen in den Organen der Bewegung, der Wahrnehmung, der Zirkulation [und der Verdauung] in Verbindung. Diese fünf Organsysteme werden damit zugleich geleitet und regiert von jedem einzelnen."[55]

Das, was alle Organapparate letztlich „leitet und regiert", wird durch ihr „gemeinsames Ziel" (but commun)[56] bestimmt. Es besteht für Cuvier darin, die Ordnung der Organisation eines organischen Körpers als sein „Leben zu erhalten" (entretenir la vie)[57], d. h. in seinem „inneren Prinzip, sich selbst zu erhalten und wiederherzustellen" (principe intérieur d`entretien et de réparation)[58]. Die organisierte Einheit organischer Körper realisiert sich damit in der Aufrechterhaltung der Prozessualität des Ensembles seiner Funktionen[59] vermittelst der Gewebe und Flüssigkeiten ihrer Organapparate: „Ein organisierter Körper, wie *eine Pflanze* oder *ein Tier*, setzt sich aus einem Gewebe von festen Teilen zusammen, welche Flüssigkeiten in Bewegung enthalten. Alle seine Teile üben einen wechselseitigen Einfluß (action) aufeinander aus und wirken auf ein gemeinsames Ziel hin, welches die Aufrechterhaltung des Lebens ist."[60] Diese „Einheit der Tätigkeit der verschiedenen Organe, die zusammenwirken zur Aufrechterhaltung ein und desselben Lebens" (unité d`action d`organes divers concourant à l`entretien

---

[54] Cuvier, *Leçons d`anatomie*, 1805, Bd. I, 46. Meine Hervorhebungen. Vgl. Ibid., 29 und *Tableau élémentaire*, 1798, 64.

[55] Cuvier, *Leçons d`anatomie*, 1805, Bd. I, 54-55.

[56] Cuvier, *Tableau élémentaire*, 1798, 5.

[57] Cuvier, *Leçons d`anatomie*, 1805, Bd. V, 204.

[58] Cuvier, *Leçons d`anatomie*, 1805, Bd. I, 19. Dieses „innere Prinzip" kann wiederum in aktive und passive Komponenten unterteilt werden. Die Organe der Wahrnehmung der Tiere stellen als ein „sensitives Vermögen" (faculté sensitive) ein „aktives Prinzip" (principe actif) dar, das sich an den „passiven Teilen" des organischen Körpers, etwa den Organen der Bewegung, verwirklicht. (Cuvier, *Leçons d`anatomie*, 1805, Bd. I, 18) Vgl. Ibid., 2.

[59] Vgl. Cuvier, *Rapport historique*, 1810, 388-389.

[60] Cuvier, *Tableau élémentaire*, 1798, 5. Vgl. Cuvier, *Leçons d`anatomie* (1805, Bd. I, 18) und *Règne animal* (1817, Bd. I, 36).

d`une même vie) bezeichnet Cuvier als „Prinzip der Individualität".[61] „Einheit" und „Individualität" der Organismen befinden sich in einem „abstrakten und nur vorgestellten Raum (espace abstrait et figuré), den man Form nennt".[62] Die Substanzen, aus denen sich der organische Körper zusammensetzt, „zirkulieren in diesem abstrakten Raum".[63] Es ist damit nicht aufgrund der „Materie, daß sich die Identität der Art in den Pflanzen und den Tieren[64] zeigt, sondern aufgrund der Form ... Nur die Form bleibt bestehen (forme persistante); nur die Form pflanzt sich fort, indem sie sich vervielfacht. Sie wird durch die mysteriöse Operation der Fortpflanzung auf Serien von Individuen, die kein Ende haben, übertragen. Sie zieht nacheinander unzählbare Moleküle diverser Stoffe in sich hinein, aber alle nur vorübergehend."[65] Die dynamische Ordnung der inneren Form stellt die Organisation der organischen Körper dar. Ihre Organisiertheit unterscheidet organische Körper grundlegend von „Gesteinen, in denen überhaupt keine Bewegung auftritt, und in denen die Moleküle an ihrem Platz bleiben, wenn eine gewaltsame Kraft (cause violonte) sie nicht auseinanderreißt."[66] In Gesteinen ist damit nur „die Materie andauernd".[67]

Die „Essenz des Lebewesens" (l'essence de l`être)[68], die Einheit ihrer Organisation, gliedert sich wiederum in die Vielfalt verschiedener Funktionen der Organe auf, die sie regelt. Das Ensemble der Funktionen, als eine „Vielfalt von Operationen"[69], bildet eine „Serie von Dekompositionen und Wiederherstellungen"[70], durch die der organische Körper die „Mittel"

---

[61] Cuvier, 'Éloge historique de M. René-Juste Haüy, lu le 2 juin 1823', 1827, 155.
[62] Ibid., 156. Vgl. Foucault, 1966, 282.
[63] Ebd.
[64] Vgl. Cuvier, 'Éloge historique de M. René-Juste Haüy, lu le 2 juin 1823', 1827, 161: „Ein Adler und ein Hund haben das gleiche Fibrin in ihren Muskeln, das gleiche Gelatin in ihren Gliedern und das gleiche Kalk-Phosphat in ihren verknöcherten Teilen."
[65] Ibid., 156.
[66] Cuvier, 'Éloge historique de M. René-Juste Haüy, lu le 2 juin 1823', 1827, 156.
[67] Ebd.
[68] Ibid., 157.
[69] Cuvier, *Leçons d`anatomie*, 1805, Bd. III, 5.
[70] Cuvier, *Leçons d`anatomie*, 1805, Bd. V, 1. Ein Beispiel für eine solche „Serie" findet sich etwa in der Verkettung der einzelnen „Aktivitäten" des Verdauungsapparats (Cuvier, *Leçons d`anatomie*, 1805, Bd. I, 10): „ ... das Kauen, die Durchtränkung, die Verschluckung, die Verdauung im Magen, die Passage durch die Eingeweide, die

(moyens)[71] hat, „von den Körpern, die ihn umgeben, das, was er durch die Ausübung des Lebens verliert, wiederzugewinnen, und in jedem Organ die Ruhe-Komposition (la composition de repos), welche durch die Aktivität verändert wurde, wiederherzustellen. Letzteres ist notwendig, um die Aktivität wieder ausführen zu können."[72] Diese Bewegung muß „kontinuierlich" sein, als eine „kontinuierlich wiederholte Aktion"[73], da gerade darin die Lebendigkeit des organisierten Körpers, seine spezifische Differenz zu allen nur physikalischen, nicht-lebendigen Körpern, besteht: „Solange diese Bewegung anhält, ist der Körper, in dem sie abläuft, *lebendig*; er *lebt*."[74] In der Organisierung dieser Bewegung, die Cuvier metaphorisch „die Aktivität eines vitalen Wirbelwindes" (l'activité du tourbillon vital)[75] nennt, besteht wiederum die „Essenz"[76] des individuierten Lebens. Ihr Aufhören bedeutet den Tod des Lebewesens. Er ist jedem Lebewesen eigen: „Aber diese Serie von Dekomposition und Wiederherstellung führt, auf lange Sicht hin, den Stillstand aller Bewegungen der tierischen Maschine und damit den Tod des Individuums herbei"[77], so daß der Tod „eine notwendige Folge des Lebens zu sein scheint."[78] Das Leben organisierter Körper existiert damit zwischen Geburt und Tod als „den

---

Herstellung von Flüssigkeiten, die darin eindringen und auf die Nahrungsbestandteile einwirken, die Aktivität der Muskeln des Abdomens ..."

[71] Cuvier, *Leçons d'anatomie*, 1805, Bd. III, 2.

[72] Ebd.; Russell (1916, 38) bemerkt hierzu: „Cuvier interpreted the functional dependence of the parts in terms of what we now call the general metabolism. He had a clear vision of the constant movement of molecules in the living tissue, combining and recombining, of the organism taking in and intercalating molecules from outside from the food and rejecting molecules in the excretions ..."

[73] Cuvier, *Règne animal*, 1817, Bd. I, 15.

[74] Cuvier, *Règne animal*, 1817, Bd. I, 13. Leben existiert in einer „täglichen Bewegung" (exercice journalier). (Cuvier, *Leçons d'anatomie*, 1805, Bd. V, 214) Vgl. Cuvier, *Tableau élémentaire*, 1798, 64-65: „ ... das Ensemble der Bewegungen ... konstituiert das Leben."

[75] Cuvier, *Rapport historique*, 1810, 298. Vgl. Cuvier, *Règne animal* (1817, Bd. I, 14) und Cuvier, *Leçons d'anatomie*, (1805, Bd. I, 6).

[76] Cuvier, *Leçons d'anatomie*, 1805, Bd. I, 5.

[77] Cuvier, *Leçons d'anatomie*, 1805, Bd. V, 1.

[78] Cuvier, *Règne animal*, 1817, Bd. I, 14. Vgl. Cuvier, *Leçons d'anatomie*, 1805, Bd. I, 2-3 und 5.

universellen Begriffen ihrer Existenz".[79] Es existiert in der sich selbst erhaltenden Prozessualität der Organe eines organischen Körpers, in der „gleichzeitigen Aktivität so vieler Substanzen"[80], die wiederum Ausdruck einer sich in der Zeit gleichbleibenden Organisation ist. Dies bezeichnet Cuvier als „Konstanz des Zustandes"[81] oder als „unwandelbare Aufrechterhaltung der Ordnung"[82] innerhalb einer „kontinuierlichen Bewegung" (mouvement continuel)[83]. Das „wichtigste Phänomen des Lebens" wird damit zu einer geregelten und „kontinuierlichen Zirkulation von außen nach innen, und von innen nach außen. Sie wird ständig erneuert und läuft dennoch innerhalb gewisser Grenzen ab. Daher müssen die lebenden Körper als eine Art Herde (foyers) angesehen werden, zu welchen die toten Substanzen sukzessiv geführt werden, um sich darin auf verschiedene Weise zu kombinieren, einen Platz einzunehmen und eine Aktion auszuüben, die durch die Eigenschaft der Kombinationen, in die sie eingetreten sind, festgelegt wird; letztlich auch darum, um sich eines Tages zu verflüchtigen und zu den Gesetzen der toten Natur zurückzukehren."[84]

Gerade hierin liegt auch die Spezifität aller organischer Körper, die eine Unterscheidung in „lebende Wesen" (êtres vivants)[85] und „unorganische Wesen" (êtres bruts)[86] notwendig macht: „Diese generelle Bewegung aller Teile bestimmt derart das, was die Essenz des Lebens ausmacht, daß die Teile, die man von einem lebendigen Körper separiert, bald sterben, denn sie besitzen keine ihnen eigene Bewegung, und nehmen nur an der allgemeinen Bewegung teil, so daß, nach einer Ausdrucksweise von Kant, der Grund der

---

[79] Cuvier, *Règne animal*, 1817, Bd. I, 20. Vgl. Foucault, 1966, 290.

[80] Cuvier, *Rapport historique*, 1810, 14.

[81] Ebd.

[82] Cuvier, 'Prospectus', 1816, X.

[83] Cuvier, *Rapport historique*, 1810, 14. Vgl. Cuvier, *Leçons d'anatomie*, 1805, Bd. I, 1. Cuvier versteht unter der „kontinuierlichen Bewegung" sowohl anatomische als auch physiologische „Bewegungen". Vgl. Cuvier, *Règne animal* (1817, Bd. I, 29): „Diese ständigen Umbildungen der chemischen Zusammensetzung haben nicht weniger als die sichtbaren Bewegungen und die [mechanischen] Übertragungen Anteil am Wirbelsturm des Lebens (tourbillon vitale) ..."

[84] Cuvier, *Leçons d'anatomie*, 1805, Bd. I, 4-5.

[85] Vgl. Cuvier, *Règne animal*, 1817, Bd. I, 12.

[86] Ebd.

Daseinsweise jedes Teils eines lebendigen Körpers im Ganzen ruht, während er in den unorganischen Körpern in jedem Teil selbst liegt."[87] Das organischen Körpern immanente „innere Prinzip der Aufrechterhaltung und Wiederherstellung"[88], ihre Organisation, fungiert zugleich als internes „Band"[89] der Ko-operation der verschiedenen Funktionen der Organe, als „allgemeiner Grund ihrer Struktur"[90], der sie vereint, so daß sie, im „Zustand des Lebens (l'état de vie) ... wechselseitig aufeinander einwirken und auf ein gemeinsames Ziel hin zusammenarbeiten."[91] Es gibt nicht für jedes Organ im Körper einen eigenen Verdauungsapparat, um es zu erhalten, sondern der Effekt der Funktion des Verdauungsapparats, der „Gebrauch" seines „Nahrungsaftes" zur Ernährung des Körpers[92], versorgt alle anderen Organe mit Nährstoffen, während er gleichzeitig wiederum aus einigen Organen, die er versorgt, besteht: „Folglich sind es nicht einzelne Zonen des Fleisches, welche das Fleisch selbst, noch bestimmte Zonen der Knochen, welche die Knochen ernähren; sondern alle Nahrungsteile verteilen sich und verschmelzen miteinander im Verdauungsprozeß zu einer homogenen Flüssigkeit, von der jedes Teil [des Körpers] die Elemente erhält, welche es ernähren. Sie ziehen die Nahrungsteile durch eine Art Wahl an sich, und kombinieren sie unter sich nach ihnen angemessenen Proportionen."[93] Dieses Zusammenspiel der Funktionen, ihr „Kooperieren"[94], führt zu einer Harmonie, die sowohl das Operieren der Funktionen leitet als auch selbst wiederum zuallererst Effekt dieser Operationen ist. Sie erstreckt sich „auf

---

87 Cuvier, *Leçons d'anatomie*, 1805, Bd. I, 5-6. Vgl. Cuvier, *Tableau élémentaire*, 1798, 4 und 14-15.

88 Cuvier, *Leçons d'anatomie*, 1805, Bd. I, 19. Vgl. Ibid., 11.

89 Cuvier, *Leçons d'anatomie*, 1805, Bd. I, 1.

90 Cuvier, *Règne animal*, 1817, Bd. I, 20.

91 Cuvier, *Leçons d'anatomie*, 1805, Bd. I, 46. Vgl. Ibid., 101 und *Règne animal*, 1817, Bd. IV, 64 und 81.

92 Cuvier, *Leçons d'anatomie*, 1805, Bd. III, 4.

93 Ebd.

94 Cuvier, *Leçons d'anatomie*, 1805, Bd. V, 3. Cuvier bezeichnet die „Kooperation" auch als „reziproke Beziehungen" (rapports réciproques) der Funktionen zueinander (*Leçons d'anatomie*, 1805, Bd. I, 19), als „wechselseitige Angemessenheit" (convenance mutuelle) (*Règne animal*, 1817, Bd. I, 10) und als „wechselseitige Aktivität" (action mutuelle) (Ibid., Bd. I, 15).

alle Teile des lebendigen Körpers".[95] Die notwendigen Zusammenhänge, die sich aus der Harmonie zwischen den Organen ergeben, bilden die „organische Ökonomie" (économie organique)[96] eines Organismus. Sie lassen sich für Cuvier in einem „Tableau"[97] zusammenfassen: „Sobald man sich einmal klare Ideen über die Kräfte gemacht hat, die mit der Ordnung jedes organischen Elements verbunden sind, und mit den speziellen Funktionen jedes Organs, kann man in gewisser Weise die Natur jeder Art organisierter Wesen kalkulieren, und zwar nach der Anzahl (nombre) der Organe, die in seine Komposition eingehen, und nach ihrer als auch der ihren Teilen zugehörigen Ausdehnung (étendue), Figur (figure), Verbindung (connexion) und Ausrichtung (direction)."[98]

Jeder Organismus ist damit sowohl organisierend als auch immer schon organisiert. Das geschlossene System der Aktivität seiner Organe, sein funktionaler Zirkel, besteht in der Kooperation von Kompositions- und Dekompositionsprozessen zur Aufrechterhaltung der inneren Ordnung seines Körpers. Die Unterbrechung der aufeinander abgestimmten und kontinuierlich ablaufenden Prozesse stellt den Tod des Organismus dar.[99] Seine innere Ordnung kann jedoch nur dann aufrechterhalten werden, wenn außerhalb seines Körpers auch die Bedingungen gegeben sind, die er für das Operieren seiner Funktionen benötigt. Der Zusammenhang zwischen der inneren Ordnung des Organismus und seiner Umgebung repräsentiert die Totalität seiner Organisation.

---

[95] Cuvier, *Leçons d'anatomie*, 1805, Bd. I, 18.

[96] Ebd. Vgl. ebd.: „Die organische Ökonomie ist derart geregelt, daß alle Funktionen, die zusammenwirken, um sie aufrechtzuerhalten, derart enge Verhältnisse (des rapports si étroits) miteinander haben, daß selbst die Krankheiten einem festen Ablauf unterworfen sind, und jede von ihnen ihre Symptome, ihre Perioden und ihre Dauer hat ..." Vgl. Cuvier, *Règne animal* (1817, Bd. I, 45: „innere Ökonomie" (l'économie intérieure)), *Leçons d'anatomie*, (1805, Bd. I, 18) und 'Animal' (1816, 164). Zur Geschichte des Begriffs der organischen Ökonomie siehe Balan (1975).

[97] Cuvier, *Règne animal*, 1817, Bd. I, 332.

[98] Cuvier, *Rapport historique*, 1810, 264-265. Vgl. Cuvier, *Leçons d'anatomie*, 1805, Bd. III, Brief an Herrn de la Cépède, XXIV.

[99] Vgl. Coleman (1964, 163): „It was impossible for Cuvier to believe that an animal could continue to exist at any stage of its life history, even the earliest, if the conditions for its functional integrity were not constantly maintained. Successive development of the various parts would produce only physiological chaos and the death of the individual."

2.4. Die Totalität der Organisation des organischen Körpers

Die Existenzmöglichkeit eines jeden Lebewesens hängt für Cuvier notwendig von der „Harmonie" des Zusammenwirkens seiner Organe ab: „ ... es ist evident, daß die angemessene Harmonie (harmonie convenable) zwischen den Organen, die miteinander in Wechselwirkung stehen, eine notwendige Bedingung der Existenz des Wesens ist, dem sie [die Organe] angehören. Wenn eine der Funktionen des Wesens auf eine Art verändert werden würde, durch die sie mit den Veränderungen der anderen Funktionen inkompatibel wird, ist es ebenso evident, daß dieses Wesen nicht mehr existieren könnte."[100] Es wurde bereits in den Ausführungen über die „Serie von Dekompositionen und Wiederherstellungen"[101], durch die der organische Körper „von den Körpern, die ihn umgeben, das, was er durch die Ausübung des Lebens (exercice de vie) verliert"[102], wiedergewinnt, deutlich, daß sich seine innere Organisation nur dann in ihrer Prozessualität aufrechterhalten kann, wenn die Außenbedingungen, sein Milieu, einen derartigen Austauschprozeß auch ermöglichen. Sofern der Austauschprozeß nicht nur, wie bei den Zoophyten[103], in einem Aufsaugen und Abgeben von Partikeln im wäßrigen Milieu besteht, sondern zusätzlich ein aktives Aufsuchen und Zerkleinern der Nahrung notwendig wird, steigen die Ansprüche an die Spezifität und Komplexität des Milieus in gleichem Maße wie diejenigen an die innere Organisation. Erst durch die Berücksichtigung der außerhalb der Körperoberfläche liegenden Existenzbedingungen organischer Körper ist das Erklärungsschema Cuviers „ausreichend (suffisante), um ihre Existenz möglich zu machen ..."[104] Für das Verständnis der Anpassung der inneren Organe an ihr Milieu muß der vergleichende Anatom sich „vorstellen (imaginer), auf welche Weise das jeweilige Organ gebraucht werden

---

[100] Cuvier, *Leçons d'anatomie*, 1805, Bd. I, 47.

[101] Cuvier, *Leçons d'anatomie*, 1805, Bd. V, 1.

[102] Cuvier, *Leçons d'anatomie*, 1805, Bd. III, 2.

[103] Zoophyten sind für Cuvier nichts weiter „als Aggregate von Röhren und Kügelchen, gefüllt mit Flüssigkeiten, die durch Aufsaugen und Transpiration in irgendeiner Bewegung gehalten werden ..." (Cuvier, *Mémoire sur la structure interne et externe ...*, 1795, 394) Vgl. Cuvier, *Leçons d'anatomie*, 1805 (Bd. IV, 166), 'Sur un nouveau rapprochement à établir ...' (1812, 82-83) und *Règne animal* (1817, Bd. I, 61).

[104] Cuvier, *Leçons d'anatomie*, 1805, Bd. I, 18.

könnte."[105] Fische sind mit Kiemen versehen, die Sauerstoff aus dem Wasser gewinnen, und Vögel besitzen hohle Knochen, die ihnen das Fliegen ermöglichen. Derartige Anpassungen hält Cuvier für 'evident': „Ich glaube, ich sehe, dass die Wassertiere fürs Wasser, die anderen für die Luft geschaffen sind"[106].

Nur eine Bestimmung der Organisation organischer Körper, welche die Wechselbeziehungen und Anpassungen zwischen beiden Bereichen, dem inneren und dem äußeren, umfaßt, kann daher ihre Existenzmöglichkeit, d. h. die Möglichkeit ihrer „Konstanz des Zustandes" bei einer „kontinuierlichen Bewegung" der Partikel, *hinreichend* begründen: „Die Naturgeschichte hat indessen auch ein rationales Prinzip, das ihr eigentümlich ist, und das sie mit Gewinn zu vielen Gelegenheiten nutzt; es ist dasjenige der Existenzbedingungen (conditions d'existence), die gemeinhin auch als Finalursachen (causes finales) bezeichnet werden. Aus dem gleichen Grunde, aus dem heraus nichts existieren kann, wenn es nicht die Bedingungen in sich vereint, die seine Existenz möglich machen, müssen auch die verschiedenen Teile eines jeden Seienden derartig miteinander koordiniert sein, daß sie das *Être total* möglich machen, und zwar nicht nur in sich selbst, sondern auch in seinen Beziehungen zu den ihn umgebenden Seienden (avec ceux qui

---

[105] Cuvier, *Leçons d'anatomie*, Bd. IV, 123. Hier wären neben den von Cuvier häufig erwähnten Anpassungen von Säugetieren, Vögeln und Fischen (vgl. Cuvier, *Règne animal*, 1817, Bd. I, 137, 'Animal', 1816, 169, *Histoire naturelle des poissons*, 1828, Bd. I, 276) auch die Anpassung des Kauapparats einiger Libellenlarven (Odonates) an eine bestimmte Form der Beutejagd (Cuvier, *Leçons d'anatomie*, 1805, Bd. I, 87)), der flache Handwurzelknochen und die zugehörigen Muskelfasern der Schildkröten, die zum Schwimmen geeignet sind (Cuvier, *Leçons d'anatomie*, 1805, Bd. I, 320 und 329), und die Zahnstruktur bestimmter Insektivoren, die das Zerkleinern von Insekten ermöglicht (Cuvier, *Règne animal*, 1817, Bd. I, 131), zu nennen. Es ist deshalb schon allein von der Häufigkeit her, mit der Cuvier auf die äußeren Existenzbedingungen eingeht, um anatomische Strukturen zu erklären, nicht gerechtfertigt, wenn Russell (1916, 34) behauptet, daß die „Idee der äußeren Existenzbedingungen, des Milieus, kaum eine Rolle in seinen [Cuviers] Überlegungen spielt." Das entscheidende Argument ist jedoch, daß erst durch Cuviers Überlegungen über organische Körper als organisierte Einheiten ihre Mileubedingungen für das Verständnis ihrer inneren Anatomie eine existentielle Bedeutung erlangen.

[106] Brief an Pfaff vom Oktober 1791, in: Behn, 1845, 266.

l'entourent) ..."[107] Die Existenzmöglichkeit des *Être total* beruht damit auf der Einheit seiner inneren Organisation mit seinen äußeren Existenzbedingungen, die zugleich Ausdruck seiner Totalität ist. Diese umfassende Einheit ist für Cuvier notwendig, um die Möglichkeit der Existenz organischer Körper als „geschlossener Systeme"[108] von bestimmten Organisationstypen und damit zugleich die Voraussetzung für die Existenz jedes organischen Körpers hinreichend begründen zu können. Denn das *Être total* muß immer schon in seiner Totalität in der Welt sein, um seine Existenz vollziehen zu können, oder, in Cuviers eigenen Worten, „das Tier *ist* zuerst einmal, und dann *fühlt* und *handelt* es."[109] Da die Totalität des *Être total* als Voraussetzung seiner Existenz nicht selbst wiederum aus einem kausalen Zusammenhang hervorgehen kann, muß ihm die „Rolle"[110], die es in der Natur spielt, durch die „Schöpfung"[111] vorgegeben worden sein. Das *Être total* setzt bereits voraus, daß es aus einer „gänzlich aufbereiteten Organisation" hervorgegangen ist, wobei „die tiefsten Spekulationen wie auch die delikatesten Beobachtungen nur auf das Mysterium der Präexistenz der Samen führen."[112] „Organisierte Wesen" (êtres organisés) sind damit für

---

107 Cuvier, *Règne animal*, 1817, Bd. I, 6. Meine Hervorhebungen.
108 Cuvier, *Discours préliminaire*, 1812, 58.
109 Cuvier, 'Mémoire sur une nouvelles division des Mammifères ...', 1795, 169.
110 Diese „Rolle" ist „ihr Platz in der Schöpfung. Sie haben ihn von ihrem Ursprung (origine) an inne, und sie behalten ihn bis zur Vernichtung der aktuellen Ordnung der Dinge". (Cuvier, *Histoire naturelle des poissons*, 1828, Bd. I, 543) Vgl. Cuvier, *Leçons d'anatomie*, (1805, Bd. I, 18), *Règne animal* (1817, Bd. I, 7), *Histoire naturelle des poissons* (1828, Bd. I, 569) und 'Considérations sur les Mollusques ...' (1830, 249).
111 Cuvier, *Histoire naturelle des poissons*, 1828, Bd. I, 569. Vgl. Ibid., 543.
112 Cuvier, *Règne animal*, 1817, Bd. I, 20. Vgl. ibid., 17: „ ... auch nehmen wir das Leben nur in den organisierten Seienden wahr, die dazu gemacht sind, daran teilzuhaben (faits pour en jouir); und alle Physiker haben es bisher nicht geschafft, uns die Materie zu zeigen, die sich selbst durch sich selbst oder aufgrund irgendeines anderen äußeren Grundes organisiert." Vgl. Cuvier, *Tableau élémentaire*, 1798, 65. Vgl. auch Coleman (1964, 162-163): „Cuvier believed that the essential act of generation was the bringing forth of a preformed individual contained within the female body ... Whether the *germe* represented the actual body of the forthcoming offspring or whether it in some manner designated in general terms an undifferentiated developmental potential was left undecided."

Cuvier immer „geschaffene Wesen“ (êtres créés).[113] Sie müssen immer von solchen abstammen, die wir bereits in der Welt vorfinden, und sie bringen auch immer wieder solche hervor: „Die *Fortpflanzung* ist der einzige Weg, durch den neue organisierte Körper hervorgebracht werden. Alle diejenigen [organisierten Körper], die existieren, waren ehemals Teil eines ihnen ähnlichen Körpers, von dem sie sich getrennt haben.“[114]

Die Organisationstypen werden in ein Netz unendlich variabler Beziehungen zwischen den Strukturen der Organe, die sich ihrerseits „unendlich in der Anzahl ihrer Flüssigkeiten, ihrer Formen, ihrer Eigenschaften und den Verhältnissen ihrer festen Teile“[115] unterscheiden, und der äußeren Existenzbedingungen eingebunden. Entsprechend besteht die Aufgabe der vergleichenden Anatomie darin, jeden organischen Körper „im Milieu aller anderen Seienden“[116] zu bestimmen. Sie muß alle „Verzweigungen“ (irridations) aufweisen, „durch welche das Seiende sich mehr oder weniger fest in das Netz, welches die organisierte Natur konstituiert, einfügt; ... zehn oder zwanzig Strahlen (rayons) reichen jedoch oft nicht aus, um diese unzählbaren Bezüge zum Ausdruck zu bringen.“[117] Erst jedoch, wenn die Totalität der Beziehungen auf ein geschlossenes System bezogen wird, dessen Organisation jede Beziehung regelt, ist die Existenz des Organisationstyps möglich, und zwar immer als ein *diskreter* Organisationstyp.

Die Diskretheit des Organisationstyps, die aus der inneren Ordnung seiner Organisation resultiert und in der die „Konformität“ einiger Organe

---

[113] Cuvier, 'Prospectus', 1816, Bd. I, X.

[114] Cuvier, *Tableau élémentaire*, 1798, 7. Vgl. Cuvier, *Leçons d'anatomie*, 1805 Bd. I, 7: „Leben wird nur aus Leben geboren, und es gibt nur das Leben, das von einem lebendigen Körper in einer kontinuierlichen Folge auf einen anderen übertragen worden ist.“ Cuvier entwickelt aus der Kontinuität der Organisationsformen in der Fortpflanzung auch einen Artbegriff, der auf Fortpflanzung beruht (Ibid., 1798, 11). Da die artspezifischen Differenzen der Organisation organischer Körper jedoch von Cuvier grundlegend über den Systemcharakter ihrer Organe (und nicht über ihre Bedeutung für die Fortpflanzung) definiert werden, kann der auf Abstammung beruhende Artbegriff keinen methodisch relevanten Platz in seinem Werk einnehmen.

[115] Cuvier, *Tableau élémentaire*, 1798, 6.

[116] Cuvier, *Histoire naturelle des poissons*, 1828, Bd. I, 569.

[117] Ebd.

„notwendigerweise diejenige der Mehrzahl der anderen“[118] nach sich zieht, bedingt wiederum zugleich die Diskretheit des Ensembles seiner äußeren Existenzbedingungen, die aus seiner „Lebensweise“ (genre de vie)[119] abgeleitet werden können.

Verschiedene Organisationstypen erfordern deshalb unterschiedliche Lebensweisen wie auch verschiedene Lebensweisen unterschiedliche Organisationstypen erfordern. Organisationstyp und Lebensweise stehen in einem spiegelbildlichen Verhältnis zueinander: „ ... Unterschiede in der Organisation haben notwendigerweise entsprechende in der Lebensweise zur Folge.“[120] Das Innere des organischen Körpers spiegelt sein Äußeres, und das, was ihm äußerlich ist, findet sich zugleich in ihm wieder. Die Fische formen „eine von allen anderen Tieren distinkte Klasse. Sie ist in ihrer Gesamtheit durch ihre Ausrichtung zum Leben bestimmt (destinée en totalité par la confirmation à vivre), sich im Wasser zu bewegen und die ihrer Natur entsprechenden essentiellen Handlungen im Wasser auszuführen.“[121]

Sowohl die innere Organisation des Organismus als auch seine äußeren Existenzbedingungen, als „die Grenzen (bornes), welche die notwendigen Bedingungen der Existenz vorschreiben“[122], sind die jeder organischen Aktivität vorausgehenden, und damit immer schon vorausgesetzten Bedingungen der Möglichkeit von Leben überhaupt. Die Spiegelbildlichkeit von innerer Organisationsstruktur und äußeren Existenzbedingungen, ihre

---

118 Cuvier, ‘Mémoire sur une nouvelles division des Mammifères ...’, 1795, 168-169. Vgl. Cuvier, *Règne animal* (1817, Bd. I, 17) und *Leçons d'anatomie*, 1805 (Bd. I, 18).

119 Cuvier, ‘Mémoire sur les Céphalopodes ...’, 1817, 3.

120 Ebd.

121 Cuvier, *Histoire naturelle des poissons*, 1828, Bd. I, 543.

122 Cuvier, *Leçons d'anatomie*, 1805, Bd. I, 58. Die Entwicklungsmöglichkeit aller Organapparate der Fische wird begrenzt durch den geringen Sauerstoffgehalt des Wassers: „Da Fische nur durch die Vermittlung des Mediums Wasser atmen, um ihrem Blut arterielle Qualitäten zu verschaffen, d. h., da sie nur von der kleinen Menge an Sauerstoff profitieren, die in dem mit Luft vermischten Wasser enthalten ist, mußte ihr Blut kalt bleiben: ihre Vitalität und die Energie ihrer Sinne sowie ihrer Bewegungen müssen [daher] geringer sein als bei den Säugetieren und den Vögeln ... Da sie keine elastische Luft zu ihrer Verfügung haben, sind sie fast stumm geblieben, und alle Gefühle, welche die Stimme erweckt und unterhält, mußten ihnen fremd bleiben; ihre Augen sind gänzlich unbeweglich , ihr Gesicht ist verknöchert und starr, ihre Glieder sind ohne Biegungen ...“ (Cuvier, *Histoire naturelle des poissons*, 1828, Bd. I, 275-177)

gegenseitige Anpassung, macht es dabei notwendig, daß sich Leben nur dann in seiner Aktivität selbst erhalten kann, wenn sowohl die Geschlossenheit des Funktionskreislaufs seiner inneren Organisation als auch die äußeren Existenzbedingungen, mit denen es in einem kontinuierlichen Austausch von Partikeln steht, sich nicht verändern: „Die ganze Organisation eines Tieres steht in notwendiger Harmonie (harmonie nécessaire) zu seiner Lebensweise (manière de vivre). Die Kauorgane müssen in Beziehung zur Nahrung stehen, und konsequenterweise in Beziehung zur ganzen Organisation."[123]

Damit gibt es zwei notwendige Harmonien, die des „geschlossenen Systems" der Organapparate und die der Beziehungen des Organismus zu seinen Existenzbedingungen. Beide sind auf unauflösbare Weise ineinander verflochten, solange sich die Organisation des organischen Körpers in seiner Aktivität erhält. Immer dann, wenn die „kontinuierliche Bewegung" des Austausches unterbrochen wird, endet auch das Leben des Organismus. Beide Harmonien kennzeichnen die Totalität der „Bedingungen des Lebens", aus denen die spezifische Organisation jedes organischen Körpers „resultiert" und die wiederum selbst notwendige Voraussetzung der Möglichkeit von Leben ist: „Die Organisation resultiert ... aus einer großen Anzahl von Dispositionen, die alle die Bedingungen des Lebens darstellen ... Das Leben setzt damit im allgemeinen immer eine Organisation voraus, und die Eigenart des Lebens eines jeden Seienden diejenige seiner Organisation ..."[124]

Die physiologisch-anatomischen Differenzen der verschiedenen Organisationstypen, die sich aus der Arbeit der vergleichenden Anatomie ergeben, sind damit nicht ineinander überführbar und kombinierbar, da jede Transformierung eines Organisationstyps in einen anderen für Cuvier dem Versuch gleichkäme, die Totalität des immer schon vorhandenen Netzes ihrer internen und externen „wechselseitigen Bezüge" zu entflechten. Damit würde zugleich das zerstört werden, was man zu verstehen suchte, nämlich die Organisation des Lebens: „Man darf nicht versuchen ... die zahlreichen Phänomene, aus denen sich das Leben eines Tieres ... zusammensetzt, zu isolieren: sobald man nur eines von ihnen wegfallen läßt, ist das ganze Leben

---

[123] Brief von Cuvier an Hartmann vom 18. Mai 1791, in: Duvernoy, 1833, 125. Vgl. Appel (1987, 46): „... the parts of an animal were necessarily correlated to assure internal harmony as well as harmony with its environment."
[124] Cuvier, *Règne animal*, 1817, Bd. I, 16-17.

zunichte gemacht (la vie entière s'anéantit)."[125] Daraus folgt, daß keine „Zwischenglieder" (êtres intermédiaires)[126] aufgezeigt werden können, die eine schrittweise Transformierung des einen Typs in den anderen darstellen würden: „Welche Anordnung (arrangement) man auch immer den Wirbeltieren und den Tieren, die keine Wirbel haben, gibt, man wird niemals dahin gelangen, an das Ende einer dieser großen Klassen, oder an den Kopf der anderen, zwei Tiere zu stellen, die sich genügend ähneln, um als Bindeglied (lien) zwischen ihnen [den großen Klassen] zu dienen."[127]

Die einzelnen Organisationstypen sind damit, innerhalb „sehr enger Grenzen"[128] einer gewissen Variabilität, als *reale Einheiten* diskontinuierlich in der Natur angeordnet.[129] Die „Ordnung der Natur" 'springt' von einem

---

[125] Ibid., 5.

[126] Cuvier, 'Natur', 1825, 265.

[127] Cuvier, *Leçons d'anatomie*, 1805, Bd. I, 60. Die Inkompatibilität des Organisationstyps der Vertebraten mit denen der Invertebraten bezieht sich an dieser Stelle nur auf die einzelnen „Stämme" (embranchements) unter sich. Unterhalb der Ebene der Stämme gesteht Cuvier die Möglichkeit einer gewissen Variabilität der Strukturen der Organisationstypen aufgrund veränderter Existenzbedingungen zu. Das Ausmaß der Variabilität wird von ihm jedoch nur undeutlich bestimmt (ebd.): „Die Hitze, das Ausbleiben und die Art der Nahrung sowie weitere Ursachen beeinflussen sie [die Entwicklung der organischen Körper], und dieser Einfluß kann sich generell auf den ganzen Körper oder auch nur lokal auf bestimmte Organe beziehen ... Die Unterschiede dieser Art zwischen den organisierten Wesen repräsentieren das, was man *Varietäten* nennt ... Alles das, was man über dieses Thema sagen konnte, ist hypothetisch; die Erfahrung läßt im Gegenteil den Eindruck entstehen, daß die Varietäten im aktuellen Zustand des Globus innerhalb ziemlich enger Grenzen eingeschlossen sind. Weiterhin können wir feststellen, daß diese Grenzen, soweit, wie wir auch in die Vergangenheit zurückgehen mögen, dieselben wie die heutigen waren ... Die Varietäten sind die akzidentiellen Subdivisionen der Art." Vgl. hierzu auch Cuvier, *Leçons d'anatomie*, 1805 (Bd. I, 58 und Bd. III, 8) und *Discours préliminaire* (1812, 59). Laurent (1987, 88) kommt zu dem Schluß, daß „innerhalb eines Stammes (embranchement), auf der 'Grundlage' eines 'gemeinsamen Planes', alle Zustände (termes) möglich sind." Vgl. auch Coleman (1964, 172-173): „Cuvier freely admitted almost unlimited intraspecific variation. The surest proof of this is the fact that he believed that no two members of a given species were morphologically alike." Vgl. Eigen, 1997, 204.

[128] Cuvier, *Règne animal*, 1817, Bd. I, 18-19. Vgl. Cuvier, *Tableau élémentaire*, 1798, 9-14.

[129] Vgl. Coleman (1964, 173): „The correlation principle, as understood by Cuvier, so restricted variation as to make it 'evolutionary' insignificant."

zum anderen Organisationstyp, ohne einen fließenden Übergang zu bilden. Die organischen Körper sind immer schon durch ihre innere Organisation ideal an ihr Milieu angepaßt: „Kurz gesagt, wir sehen hier, was auch immer Bonnet und seine Anhänger darüber [Gegenteiliges] angeführt haben, daß die Natur von einem Plan auf den anderen übergeht, daß sie einen Sprung macht und zwischen ihren Erzeugungen eine sichtliche Lücke (un hiatus manifeste) besteht; die Cephalopoden stellen keinen Übergang zu irgend etwas anderem dar, und ihre eigene Entwicklung hat nichts hervorgebracht, was höher als sie stände ...“[130] Die Annahme einer kontinuierlichen „Serie“ oder „Kette“ von Organisationstypen ist daher für Cuvier nichts weiter als ein „erdichtetes Bild“ (tableau imaginaire), die Annahme kontinuierlicher Beziehungen zwischen ihnen jedoch Wirklichkeit.[131] Die Suche nach Bindegliedern zwischen verschiedenen Organisationstypen basiert auf einer „paradoxalen Auffassung“[132] von „Leerstellen“[133] in der Ordnung der Natur: „Jedes organisierte Seiende hat, in Übereinstimmung, alles das, was es braucht, um sich zu erhalten ... Ein Vogel ist in jeder Hinsicht und in allen seinen Teilen Vogel ... Man kann sich daher kein Wesen mit bestimmten Ansprüchen vorstellen, welches nicht das besitzt, was es befriedigt; [dies wäre] ein Wesen, das, während es mit einem Teil seiner Organisation verbunden wäre, ein anderes Teil seiner Organisation besäße, das für ein anderes Wesen angemessen (convenable) wäre; letztlich ein Zwischenglied, das man einen Übergang nennt.“[134] Cuvier muß vielmehr davon ausgehen, daß „alle Unterbrechungen bestehen bleiben. Es gibt kein Bindeglied zwischen den Vögeln und den anderen Klassen; und überhaupt keines zwischen Vertebraten und Invertebraten ... Jedes Lebewesen ist für sich gemacht und hat in sich das, was es vervollständigt.“[135]

Die Organisation des Organismus umfaßt damit die Totalität seiner inneren und äußeren Existenzbedingungen. Für die Aufrechterhaltung seiner Kompositions- und Dekompositionsprozesse muß das geschlossene System

---

[130] Cuvier, ‘Mémoire sur les Céphalopodes ...’, 1817, 43.
[131] Cuvier, ‘Natur’, 1825, 265.
[132] Ibid., 264.
[133] Ebd.
[134] Cuvier, ‘Nature’, 1825, 265.
[135] Ibid., 264-265.

seiner inneren Ordnung an seine äußeren Existenzbedingungen angepaßt sein, um seine Existenz zu ermöglichen. Der Konkretheit seines Organisationstyps muß eine bestimmte Lebensweise entsprechen, für die seine innere Ordnung bestimmt ist. Zwischenglieder, deren innere Ordnung nicht in ihrer Gesamtheit an ihre äußeren Existenzbedingungen angepaßt sind, können daher nicht existieren.

2.5. Zusammenfassung

Um die Strukturen organischer Körper, die durch die vergleichende Anatomie freigelegt werden, erklären zu können, untersucht Cuvier generell die Bedingungen der Möglichkeit ihrer Existenz.

Im Inneren des organischen Körpers besteht eine Ordnung, die sich aus der kontinuierlichen Serie der Komposition und Dekomposition ihrer Teile ergibt, die sie aus ihrer Umgebung aufgenommen haben. Die aus dieser Aktivität hervorgehende innere Ordnung wird durch die Funktionen der Organe geregelt, deren gemeinsames Ziel gerade die Aufrechterhaltung dieser Ordnung ist. Ein Organ kann Träger einer bestimmten Funktion werden, weil seine Struktur ihren Anforderungen entspricht. Seine Struktur resultiert sowohl aus bestimmten Gewebetypen als auch aus den Zusammensetzungen verschiedener Flüssigkeiten. Ähnliche Funktionen können dabei von verschiedenen Strukturen ausgeführt werden, und ähnliche Strukturen können in verschiedenen Dispositionen im Körper vorliegen. Die Organe verbinden sich wiederum zu Organapparaten, die gemeinsam das organische System des Körpers bilden. Wenn in den organischen Systemen verschiedener Körper Funktionen, Strukturen und Dispositionen der Organe übereinstimmen, können sie zu einer einzigen Organisationsart, als einem diskreten Typus, zusammengefaßt werden.

Das organische System beruht damit auf der zweifachen Ordnung seiner Einheit: Zum einen entsteht das organische System des Körpers aus der Aktivität seiner Organe, zum anderen werden die Organe durch die Gesamtaktivität des Systems geregelt, d. h. die einzelnen Organe kooperieren für eine bestimmte Aktivität durch ihre wechselseitigen Reaktionen. Ein derart in sich geschlossenes System repräsentiert ein organisiertes und individuiertes

Ganzes, in dessen abstrakten Raum der Ordnung seiner Funktionen sich die Einheit seiner inneren Form verwirklicht. Der Zirkel der kontinuierlichen Komposition und Dekomposition aufgenommener äußerer Teile, der im Gefüge der Organe im Inneren des organischen Körpers abläuft, wird damit zum Ausdruck der *Organisation* des Körpers, die sich selbst für ihre Aktivität voraussetzt und *zugleich* in ihrer Aktivität verwirklicht. Das innere Band, durch das die Organisation die Gesamtaktivität des organischen Systems regelt, entspricht der Gleichung einer Kurve, die alle ihre Eigenschaften bestimmt. Wenn die Organe als Träger der Funktionen des Körpers die Bedingungen, welche seine Organisation erfordern, nicht in ihrer Totalität erfüllen, kann ein organischer Körper nicht existieren. Die Existenz von Zwischengliedern, die sich keinem bestimmten Organisationstyp zuordnen lassen, ist deshalb für Cuvier nicht denkbar. Organische Körper müssen immer organisiert sein, und ihre Organisation kennzeichnet sie als reale Einheiten einer Totalität von Bedingungen, die ihre innere Ordnung ermöglichen.

Der inneren Ordnung der Einheit organischer Körper stehen seine äußeren Existenzbedingungen gegenüber, zu denen er notwendig eine angemessene Harmonie besitzen muß, um den Zirkel von Komposition und Dekomposition aufrechterhalten zu können. Die innere Ordnung organischer Körper kann nur dann existieren, wenn sich die Totalität ihrer in sich geschlossenen Organisation an ihren äußeren Existenzbedingungen vervollständigt. Die Harmonie der inneren Ordnung der Einheit des organischen Körpers mit der Einheit seiner äußeren Existenzbedingungen kennzeichnet die umfassende Organisation des *Être total* als eine in sich abgeschlossene Totalität. Der Einheit seiner umfassenden Organisation steht damit die Vielheit und Eigenart ihrer inneren und äußeren Existenzbedingungen gegenüber, an denen sie sich verwirklichen muß, da sie nur *sein* kann, wenn sie sich im Prozeß ihrer Ordnung erhält. Der Strukturkern des *Être total* entspricht damit der dynamischen Einheit des monadischen Körpers in Leibniz' Philosophie. Das Konzept dieser Einheit soll im folgenden Kapitel entwickelt werden.

3. Einheit durch Organisation im monadischen Körper: Leibniz und die Analogie des Lebendigen

In der Monadenlehre versucht Leibniz, den Substanzen-Dualismus in der Descartschen Philosophie durch einen neuen Einheitsbegriff zu überwinden.[136] Descartes ging von der Vorstellung eines Subjekts aus, das sich selbst denkt und sich dadurch als selbst gesetzte Einheit (*res cogitans* oder nicht-ausgedehnte Seele) substantiell von dem Vorgestellten (*res extensa* oder ausgedehnte Materie) unterscheidet. Den Zusammenhang zwischen Seele und Körper konnte er jedoch nicht systemimmanent herleiten.[137] Leibniz wird dagegen einen einheitlichen Substanzbegriff entwickeln, der auf einem logischen Grund beruht. Die Struktur der Ordnung in dieser Einheit wird durch ihre Organisation bestimmt.[138] Die Existenz dieser organisierten Einheit der Monade ist nur dann möglich, wenn sie den Anforderungen des „Prinzips des zureichenden Grundes“ (principe des raison suffisante)[139] entspricht: „Zur Existenz ist notwendig, daß die Zusammenstellung aller

---

[136] Vgl. Finster (1990, 70): „Philosophiehistorisch gesehen ist die Monadenlehre der große monistische Gegenentwurf zu Descartes` dualistischem Weltbild, das sowohl dem Denken als auch der Ausdehnung Substantialität zuspricht.“

[137] Descartes kann den Substanzen-Dualismus zwischen Seele und Körper nur dadurch 'relativieren', daß er „die Seele entgegen seinen sonstigen Annahmen zumindest bis zu einem gewissen Grad extensionalisiert und materialisiert.“ (Schneider, 1993, 474)

[138] Jonas (1965, 46) verweist auch auf Spinozas Beitrag, die Struktur einer organisierten Einheit denken zu können. Spinoza entwickelt jedoch keinen *individuellen* Einheitsbegriff. Gerade auf diesen Einheitsbegriff wird es in der vorliegenden Untersuchung ankommen.

[139] Monadologie, § 32.

Bedingungen vorhanden ist. Eine Bedingung ist das, ohne welches eine Sache nicht sein kann, [und] die Zusammenstellung aller Bedingungen ist die volle Ursache eines Dinges. Nichts ist ohne Grund, weil nichts ohne die Zusammenstellung aller Bedingungen ist."[140] Nur dann, wenn die Struktur der Monade die Totalität der Bedingungen ihrer Existenz in sich enthält, ist sie möglich. Um jedoch nicht nur möglich, sondern auch wirklich zu sein, muß sich die Totalität ihrer Bedingungen in die Bestimmungen ihrer Existenz entfalten, d. h. *„alles Mögliche strebt nach Existenz* und ist daher" (*omne possibile exigit existere*, et proinde existeret)[141]. Die Totalität der Bedingungen einer Monade nennt Leibniz auch ihren „vollständigen Begriff" (notio completa) als „dem wahren formalen Grund ihrer Existenz" (vera ratio formalis existentiae)[142], dessen Bestimmungen in der Monade entfaltet werden. Zunächst muß deshalb der Zusammenhang zwischen der Entfaltung der Totalität der Bedingungen der Monade in ihre Existenzbestimmungen anhand ihrer Organisation untersucht werden, aus der sich anschließend der monadische Körper ableiten läßt. Der lebendige Organismus stellt dabei eine Analogie für den monadischen Körper dar.

3.1. Die Struktur der Totalität in der Einheit der Monade

Die Einheit der Monade besteht weder in einer bestimmten Gestalt, noch in einer bestimmten Proportion, Form oder Farbe. Sie wird nicht über sichtbare Eigenschaften *an ihr* konstituiert, sondern liegt in ihrem „inneren Prinzip".[143]

---

140 „Ad existentiam necesse est aggregatum omnium adesse requisitorum. Requisitum est id sine quo res esse non potest, aggregatum omnium requisitorum est causa plena rei. Nihil est sine ratione. Quia nihil est sine aggregato omnium requisitorum." (Leibniz, De existentia, in: Holz, 1996, Bd. 1, 16) Vgl. Monadologie, § 32.

141 Leibniz, De veritatibus primis, in: Holz, 1996, Bd. 1, 176. Vgl. GP, Bd. VII, 303.

142 Leibniz, De contingentia, in: Holz, 1996, Bd. 1, 182.

143 Theodicée, § 87. Leibniz bezeichnet das innere Prinzip auch als „Prinzip der Tätigkeit" (principe de l'action; ebd.), „aktives Prinzip" (principe actif; GP, Bd. V, 421) und „Prinzip der Veränderung" (principe du changement; Monadologie, § 12). Vgl. GP, Bd. V, 421 und Monadologie, § 11.

Ihre Erscheinungen gehen aus der Entfaltung der „aktiven Kraft“ (vis activa)[144] ihres „inneren Prinzips“ (principe interne) hervor, das sich in einer Vielfalt von Verhältnissen zu ‘externen’ Bezugspunkten realisiert. Die Bezugspunkte stellen dabei Begrenzungen dar, die der Entfaltung des aktiven Prinzips Widerstand leisten. Leibniz bezeichnet die Bezugspunkte deshalb auch einheitlich als „passive Kraft“ (vis passiva) oder „Materie“ (materia).[145]

Das innere Prinzips realisiert sich in einem „permanenten Prozeß“ (acte permanent)[146], dessen Ereignisse kontinuierlich aufeinander folgen. Die aktive Kraft des Prozesses „entfaltet“ sich aus sich selbst heraus und ist in diesem Sinne entelechisch, denn sie hat „in sich eine gewisse Vollkommenheit, es gibt in [ihr] ... eine Selbstgenügsamkeit, die sie zu Quellen ihrer inneren Handlungen (actions internes) ... macht.“[147]

Das Verhältnis von kontinuierlicher innerer Entfaltung und konkreten äußeren Erscheinungen vergleicht Leibniz mit der Struktur der Falten einer Fläche: „ ... die Aufteilung des Kontinuums darf man sich nicht wie die von Sandkörnern in Sand vorstellen, sondern wie die eines Papierblattes oder einer Tunika in Falten, von der Art jedoch, daß darin unendlich viele Falten enthalten sind, die einen kleiner als die anderen, ohne jedoch den Körper in Punkte oder Minima auflösen zu müssen.“[148] Die Entfaltung wird dabei über „Perzeptionen“ vermittelt als „die Verbindung von Innen und Außen, die Repräsentation des Äußeren im Inneren, die Zusammensetzung im Einfachen oder die Vielheit in der Einheit“.[149] Die Perzeption nimmt damit eine zentrale

---

144 GP, Bd. IV, 395. Vgl. Monadologie, § 11 (force active; Kopie A).

145 GP, Bd. V, 395. Eine immer noch klassische Interpretation der verschiedenen Kraftbegriffe von Leibniz findet sich bei Russell (1900, 76 ff.) Vgl. auch Rutherford, 1995, 244-249.

146 Theodicée, § 87. Leibniz verwendet auch den Ausdruck „fortschreitender Prozeß“ (acte successif; ebd.)

147 Monadologie, § 18. Zum Begriff der Entelechie bei Leibniz siehe Theodicée, § 87.

148 Leibniz, Pacidius Philalethi, in: Couturat, 1903, 615. „ ... ac proinde divisio continui non consideranda ut arenae in grana, sed ut chartae vel tunicae in plicas, itaque licet plicae numero infinito, aliae aliis minores fiunt, non ideo corpus unquam in puncta seu minima dissolvetur.“

149 GP, Bd. VII, 529 (Brief an Wagner vom 4. Juni 1710). „Isque corresponsus interni et externi seu repraesentatio externi in interno, compositi in simplice, multitudinis in unitate revera perceptionem constituit.“

Stellung in der Struktur der Monade ein. Es gilt im folgenden, ihre verschiedenen Aspekte näher zu erläutern.

3.1.1. Innen und Außen

Die Monade stellt in ihrer Totalität ein „in sich Vollendetes“ (un tout accompli en soi)[150] dar. Sie kann sich aber nur in sich vollenden, wenn sie sich *in sich an sich* selbst entwickelt. Wie bei einer Falte ist die innere Seite einer Monade nur durch ihre äußere möglich, und *vice versa.*[151] In dieser Denkfigur liegt sowohl das Problem als auch das kreative Potential von Leibniz` Monadenbegriff für das Verständnis organisierter Einheit.[152]

Die Totalität bezeichnet zunächst eine Unendlichkeit von möglichen Verhältnissen der Monade zu den Bezugspunkten ihrer Perzeptionen. Diese Verhältnisse sind nicht geometrisch, sondern dynamisch über den Begriff einer im aktiven Prinzip zum Ausdruck kommenden Kraft definiert. Die Richtung dieser Kraft ist ihre „Strebung“ (appetition)[153], welche die Abfolge der Perzeptionen, ihre Entfaltungsrichtung, festlegt. Das Ziel ihrer Abfolge ist die Entfaltung aller im aktiven Prinzip liegenden Verhältnisse. Ihr Ursprung liegt in der Einheit des aktiven Prinzips, aus der sie wie die Strahlen eines sie bündelnden Fokus, ihres metaphysischen Sammelpunkts, entspringen.[154] Die Struktur des Abbilds der Strahlen repräsentiert die ‘externen’ Bezugspunkte der sich entfaltenden Totalität. Da die potentiell unendliche Vielfalt der inneren Verhältnisse der Totalität des Prinzips niemals zugleich in der endlichen Anzahl der Strukturen ihrer ‘externen’ Bezugspunkte abgebildet werden kann, muß sich die Totalität des inneren Prinzips im Prozeß einer steigenden Vielfalt der Verhältnisse unter ihren Bezugspunkten in ihren Perzeptionen verwirklichen.

---

[150] Theodicée, § 134.

[151] Für Deleuze (1988, 49) stellt das Bild der Falte „das operative Konzept des Barocks“ (concept opérative du Baroque) dar, das Leibniz „par excellence“ ausformuliert.

[152] Vgl. Buchdahl, 1969, 392-393 und 468.

[153] Principes de la nature ..., § 2.

[154] Vgl. Principes de la nature ..., § 2: „Es verhält sich dies gleichsam so wie bei einem Zentrum oder Punkt, in dem, so gänzlich einfach er auch ist, sich eine Unendlichkeit von Winkeln findet, die von den Linien gebildet werden, die darin zusammenlaufen.“

In den einzelnen Perzeptionen werden die zeitliche Abfolge und die räumliche Anordnung der externen Bezugspunkte dargestellt. Zeit und Raum des Geschehens repräsentieren nur Sukzession und Gleichzeitigkeit der Verhältnisse in den Perzeptionen: „ ... ich [Leibniz] habe mehr als einmal betont, daß ich *den Raum* ebenso wie *die Zeit* für etwas rein Relatives (purement relatif) halte, für eine Ordnung des Miteinanders der Existenzen (ordre des coexistences), so wie die Zeit eine Ordnung ihres Nacheinanders (ordre de successions) ist."[155] Materieteile als 'externe' Bezugspunkte der Perzeption beruhen deshalb nur auf der notwendigen Annahme einer Differenz in der Einheit für die Selbstentfaltung des aktiven Prinzips.

Die Totalität des aktiven Prinzips kann sich damit nur dann verwirklichen, wenn sie sich *an sich* als Differenz in der Einheit *in sich* entwickelt. Der Prozeß der Vervielfältigung der in ihr liegenden Verhältnisse setzt sowohl *Einheit durch Totalität* als auch *Einheit durch Differenz* in der Monade voraus. Einen derartigen Prozeß bezeichnet Leibniz als eine „Organisation"[156].

3.1.2. Einfaches und Zusammengesetztes

Durch den logischen Zusammenhang zwischen Erscheinung und innerem Prinzip, der in der Entfaltung der Totalität der Bedingungen dieses Prinzips in die Bestimmungen seiner Existenz besteht, kann Leibniz die Monade auch als „einfache Substanz" (substance simple)[157] bezeichnen. Die einfachen Substanzen sind damit „Einheiten, welche in sich Vielheit ausdrücken oder repräsentieren" (des unités qui expriment ou representent la multitude en elles)[158]. Das Einfache und das Zusammengesetzte stellen nur die notwendige Binnendifferenz in der Totalität einer Monade dar.[159] Die über die

---

[155] GP, Bd. VII, 363. (Brief an Clarke vom 25. Februar 1716) Buchdahl (1969: 467) bezeichnet Leibniz' Raumbegriff als „metaphysical reduction of spatial relation to something non-spatial, purely qualitative."

[156] GP, Bd. IV, 458.

[157] Monadologie, §§ 1-2.

[158] GP, Bd. VII, 452. (Brief an Billettes, 4./14. Dezember 1696)

[159] Leibniz erwähnt auch eine „zusammengesetzte Substanz" (substance composée) (Vgl. Principes de la nature ..., § 1). Über ihren Status gibt es in der Fachliteratur abweichende

Perzeptionen vermittelten 'externen' Bezugspunkte des Zusammengesetzten müssen auf die Einheit des inneren Prinzips bezogen sein, und die Einheit des inneren Prinzips muß sich in den 'externen' Bezugspunkten des Zusammengesetzten verwirklichen.

3.2. Der individuelle monadische Körper

Da die Einheit des inneren Prinzips der Monade sich nur über das Verhältnis unter den Erscheinungen in ihren Perzeptionen verwirklichen kann, muß sich dieses Verhältnis von dem aller anderen Monaden unterscheiden, damit die Monade überhaupt von anderen Monaden unterscheidbar ist. Dies nennt Leibniz das Prinzip der Identität des Ununterscheidbaren.[160] Wenn zwei Monaden in ihrem vollständigen Begriff miteinander übereinstimmen, dann können sie nicht mehr voneinander unterschieden werden. Um überhaupt als Monade von einer anderen Monade unterschieden werden zu können, muß sich die Monade als individuelle Monade ihre Welt als einzigartige Welt vorstellen.[161]

Als individuelle Monade muß sie selbst in der Welt als Körper erscheinen, um sich zu den von ihr vorgestellten Körpern in Beziehung setzen zu können, d. h. sie kann die Welt nur auf ihre Weise perzipieren, wenn sie selbst *in* der Welt ist. Nur wenn sie in der Welt ist, gehört die Welt *ihr* an. Nur dann wird *eine* Welt zu ihrer Welt. Die Monade kann sich jedoch selbst nicht in der Außenperspektive als Erscheinung perzipieren, sondern sich nur in sich verdoppeln, um sich in sich selbst vorzustellen. Die Monade kann sich damit ihren Körper nur so vorstellen, als ob die Welt in ihm verfaltet ist, und als ob die Welt wiederum ihr entfalteter Körper ist, denn sie perzipiert in ihm eine Welt, die selbst aus ihm hervorgegangen ist: „Und wie dieser Körper ...

Standpunkte. Zur Diskussion steht, ob die „zusammengesetzte Substanz", die erst in Leibniz' Spätphilosophie auftaucht, eine neue Entität auf der Phänomenebene oder nur einen neuen Ausdruck zur Bezeichnung der Differenz innerhalb der Einheit der Monade darstellt. Vgl. Boehm (1969), Look (1994, 343-349), Wilson (1994, 250) und Duchesneau (1998, 356-369).

160 Vgl. Monadologie, § 8.

161 Vgl. Feuerbach, 1969, Bd. 3, 64-65.

das ganze Universum darstellt, so stellt die Seele [als Analogon des inneren Prinzips der Monade] das Weltall vor, indem sie den ihr eigentümlich zugehörigen Körper vorstellt."[162] Die Organisation der Einheit der Monade, als in sich an sich differenzierte Totalität, verdoppelt sich damit in der Beziehung ihres Körpers zur Welt, um sich als individuelle Monade zu dieser Welt in Beziehung setzen zu können. Dabei ist für die Seele der Körper eine Erscheinung, und die Welt wiederum für den Körper eine Erscheinung.

3.3. Die prästabilierte Harmonie

Sowohl die Totalität der Beziehungen *im* Körper einer jeden Monade als auch die Totalität der Beziehungen *zu* den vorgestellten umgebenden Körpern müssen aufeinander abgestimmt sein, denn sie repräsentieren sich gegenseitig. Da jedoch alle vorgestellten Körper die Erscheinungen der anderen Monaden sind, die durch die eine, individuelle Monade vorgestellt werden, muß die Entfaltung jeder einzelnen individuellen Monade auf diejenigen aller anderen abgestimmt sein. Dies führt Leibniz zur „Annahme der Übereinstimmungen" (Hypothèse des accords)[163] in einer „prästabilierten Harmonie" (harmonie préétablie)[164]. Die prästabilierte Harmonie muß dabei für Leibniz auf einen einmaligen Schöpfungsakt Gottes zurückgeführt werden: „Es ist wahr, daß es ein Wunder in meinem System der prästabilierten Harmonie gibt, und daß Gott in es auf außergewöhnliche Weise eingegriffen hat. Dies geschah aber nur am Anfang der Dinge, auf welchen folgt, daß alles in den Erscheinungen der Natur seinen eigenen Weg geht, gemäß den Gesetzen der Seelen und der Körper."[165]

Die Seele des monadischen Körpers, sein inneres Prinzip der ihm zugehörigen Monade, handelt dabei aus „ihrem eigenen Grund" (son propre fonds) „durch eine vollkommene *Spontaneität* in Anbetracht ihrer selbst und

---

[162] Monadologie, § 62.
[163] GP, Bd. IV, 485.
[164] Theodicée, Einleitung. (GP, Bd. VI, 40-42)
[165] GP, Bd. III, 143. (Brief an Basagne vom 19. Februar 1706) Vgl. Theodicée, Einleitung (GP, Bd. VI, 42) und GP, Bd. VII, 358 (Brief an Clarke, Ende 1715 oder Anfang 1716).

doch in vollkommener *Übereinstimmung* mit den Dingen außer ihr ..."[166] Als ein „darstellendes Wesen" im Körper stellt sie die „Zweckursache" oder den „Endzweck" (causa finalis)[167] der Erscheinungen ihres Körpers dar. Die Erscheinungen hingegen müssen sich wie Materieteile zueinander verhalten, die äußerlich aufeinander wirken, da sie nur dargestellte Körper sind, und als dargestellte nicht selbst wiederum darstellende Körper in der Welt der anderen Monaden sein können. Die Verhältnisse der Erscheinungen untereinander müssen deshalb durch mechanische Gesetze, in denen Wirkungen immer durch vorhergehende Ursachen begründet werden, erklärt werden: „ ... alle ... Erscheinungen könnten mechanisch erklärt werden, wenn sie genügend verstanden werden würden".[168] Die Abstimmung der Vorstellungen des darstellenden Wesens mit seinen Erscheinungen wird durch die bereits erwähnte prästabilierte Harmonie garantiert: „Die Seelen handeln gemäß den Gesetzen der Zweckursachen durch Strebungen, Ziele und Mittel (appetitions, fins et moyens). Die Körper handeln gemäß den Gesetzen der Wirkursachen (causes efficientes) oder der Bewegungen. Und die zwei Reiche, das der Wirkursachen und das der Zweckursachen (causes finales), stehen miteinander in Harmonie."[169] Die prästabilierte Harmonie repräsentiert damit grundlegend einen „Parallelismus zwischen zwei Reichen (parallélisme des deux règnes), dem der Zweckursachen und dem der Wirkursachen"[170]. Die Parallelität zwischen den Prozessen im Körper als materiellen Erscheinungen und der Seele, als darstellendes, jedoch selbst nicht erscheinendes Wesen, zeigt sich deshalb so, *als ob* sie Ausdruck einer gegenseitigen Beeinflussung sei: „Dieses System besagt, daß die Körper so handeln, *als ob (comme si)* sie (was unmöglich ist) keine Seele hätten; und

---

[166] GP, Bd. IV, 484. Leibniz bezeichnet den „eigenen Grund" auch als „ursprüngliche Konstitution" (propre constitution; ebd.)

[167] Vgl. Monadologie, § 79.

[168] GP, Bd. VII, 272.

[169] Monadologie, § 79. Vgl. Principes de la nature ..., § 3 und § 11. Zu Leibniz' Mechanik siehe Duchesneau (1998, 326-335).

[170] Theodicée, § 74 und § 247. Vgl. Duchesneau, 1998, 353: „ ... das System der mechanischen Gesetze, welches die Welt der Phänomene beherrscht, entwickelt sich parallel zum System der Bestimmungen der Monade."

daß die Seelen so handeln, *als ob* sie keinen Körper hätten; und daß beide zusammen handeln, *als ob* sie sich gegenseitig beeinflußten."[171]

Die Harmonie im Körper muß sich wiederum auf der Ebene der Welt, als „universelle Harmonie" (harmonie générale)[172], in der alle Erscheinungen mechanisch auf den monadischen Körper als Zweck abgestimmt sein müssen, wiederholen. Auch der monadische Körper existiert damit als ein „darstellendes Wesen" (nature representative), das „die außer ihr Seienden mit Beziehung auf seine Organe perzipiert ..."[173] Seine Organe sind diejenigen Erscheinungen in ihm, durch die er zu den umgebenden Körpern in Beziehung tritt. Sie sind auf der Ebene des Körpers und der Welt das, was die Perzeptionen für die Seele und ihren Körper sind. Die Organe müssen „unendlich ineinander verwachsen" (ex infinitis organis sibi involutis)[174] sein, um das unendliche Beziehungsgeflecht des monadischen Körpers zu den ihn umgebenden Körpern der Welt abbilden zu können. Da der monadische Körper durch die Organe die Einheit realisiert, die er im Prozeß der Entfaltung seiner Totalität anstrebt, hängen sie wie „die einzelnen Punkte einer Kurve durch ihre allgemeine Eigenschaft oder Gleichung bestimmt werden können"[175], von der inneren Ordnung ihres Körpers ab.

Da die im monadischen Körper ablaufenden Prozesse „nur die mechanische Folge"[176] verschiedener organischer Verhältnisse darstellen, kann Leibniz ihn auch als „natürliche Maschine" (machine naturelle)[177] bezeichnen, die sich „nicht allein im Grade (degré), sondern in der Gattung selbst (le genre même)"[178] von einer „künstlichen Maschine" (machine

---

[171] Monadologie, § 81. Vgl. GP, Bd. III, 658 (Brief an Remond vom 4. November 1715): „ ... die Seelen stimmen mit dem Körper und unter sich zusammen kraft der prästabilierten Harmonie, und keineswegs (nullement) durch eine gegenseitige physische Beeinflussung." Vgl. auch Theodicée, § 62, § 400 und GP, Bd. V, 123.

[172] Theodicée, § 247. Vgl. GP, Bd. IV, 458.

[173] Ebd.

[174] GP, Bd. IV, 396.

[175] GP, Bd. III, 635. (Brief an Remond vom 17. Februar 1715)

[176] Theodicée, Einleitung. (GP, Bd. IV, 42) Vgl. GP, Bd. V, 126.

[177] GP, Bd. IV, 482. Leibniz verwendet synonym die Ausdrücke „natürlicher" (naturel), „geistiger" (spirituel), und „formaler Automat" (automate formel). Vgl. GP (Bd. IV, 485), Monadologie (§ 64) und Theodicée (§ 403).

[178] GP, Bd. IV, 482.

artificielle)[179] unterscheidet, die durch „Menschenkunst gebaut worden ist“[180]. Eine künstliche Maschine repräsentiert weder die „Fähigkeit des Organisierens“ noch ist sie aus „unendlich ineinander verwachsenen Organen“ (ex infinitis organis sibi involutis)[181] aufgebaut.

Nach der Darstellung der Einheit der Monade, als in sich verdoppelte Organisation in der Beziehung der Seele zum Körper und des Körpers zur Welt, wird es im folgenden Kapitel darum gehen, die Rolle der Erscheinungen von Pflanzen und Tieren[182] als Erscheinungen lebendiger Organismen in Leibniz' Monadologie zu bestimmen.

3.4. Der lebendige Organismus als Analogie

Bestimmte Erscheinungen in Pflanzen und Tieren, die von Leibniz' Zeitgenossen seit dem 17. Jahrhundert zunehmend untersucht worden sind, bieten Leibniz die Möglichkeit, die Zusammenhänge unter ihnen allgemein als „organisch“ oder „organisiert“ auszuweisen. Leibniz überträgt damit die Struktur der Einheit des monadischen Körpers auf die Körper von Pflanzen und Tieren und bezeichnet sie als „lebendige Organismen“ (*organismus viventium*)[183]. Zunächst wird diese Übertragung selbst dargestellt werden. Anschließend wird gezeigt, was für Leibniz der Zweck einer derartigen Übertragung ist.

Das „Leben“ in Pflanzen und Tieren stellt Leibniz als eine bestimmte „Organisation“ ihrer „Einheit“ dar: „Was die Einheit ... einer Pflanze [und eines Tieres] bildet, liegt in einer bestimmten Organisation der Teile in einem einzigen Körper, der an einem gemeinsamen Leben (commune vie) teilhat, das solange andauert, wie die Pflanze existiert, obschon ihre Teile sich

---

179 GP, Bd. IV, 396. Leibniz spricht auch von einem „künstlichen Automat“ (automate artificiel; Monadologie, § 64).

180 Monadologie, § 64.

181 GP, Bd. IV, 396. Vgl. Monadologie, § 64.

182 Im folgenden werde ich Tiere und Menschen nicht unterscheiden. Dies ist nur dann notwendig, wenn es sich um ihre Bewußtseinszustände handelt.

183 Leibniz, Fragment ohne Titel, in: Couturat, 1903, 16. Meine Hervorhebungen.

ändern."[184] Die Teile eines organischen Körpers stehen dabei über einen Partikelfluß miteinander und mit ihrer Umgebung in Verbindung. Dies zeigt Leibniz an der Ernährung der organischen Körper: „Die Lebewesen wechseln nur die Teile, ergreifen sie und verlassen sie: das geschieht nach und nach und über kleine unwahrnehmbare Teilchen, aber kontinuierlich in der Ernährung."[185] Aus diesem „Zirkel der Kombination und der Produktion" (circulus in compositionibus ac productionibus)[186] der aufgenommenen und abgegebenen Partikel soll für Leibniz die Ordnung des Lebens hervorgehen, die jedoch zugleich die Voraussetzung des Zirkels ist. Denn es ist „dasselbe Leben ..., das sich durch die materiellen Partikel fortsetzt, die in einem dauernden Fluß (flux perpetuel) begriffen sind, die aber in dieser Abfolge im gleichen organisierten Körper *vital* vereinigt werden (mais qui dans cette succession sont *vitalement* unies au même corps organisé)."[187] Der Körper der Pflanzen und Tiere entspricht damit einem „zu einem bestimmten Zeitpunkt organisierten Körper, der sich von da an in dieser *vitalen Organisation* durch eine Abfolge bestimmter Materieteilchen fortsetzt, die in ihm vereinigt sind".[188]

Da die innere Ordnung lebendiger Körper die Einheit ihres Zirkels der Kombination und Produktion immer schon voraussetzt, um überhaupt existieren zu können, kann Leibniz aus dieser Voraussetzung ihre „organische Präformation" ableiten: „ ... da die Bildung der ... organischen Körper in der Ordnung der Natur nur dann erklärbar scheint, wenn man eine bereits organische *Präformation* (*préformation* déjà organique) annimmt, so schließe ich [Leibniz] daraus, daß das, was wir Zeugung eines Tieres nennen, nur eine Umwandlung und Vermehrung (transformation et augmentation) ist, weil eben ein und derselbe Körper bereits [immer schon] organisiert, d. h. belebt war".[189]

Zeugung und Tod organischer Körper stellen deshalb für Leibniz nicht eine „gänzliche Neuschöpfung" (génération entière)[190] oder eine „letzt-

---

[184] GP, Bd. V, 215.
[185] Principes de la nature ..., § 6. Vgl. Monadologie, § 71.
[186] GP, Bd. VII, 266.
[187] GP, Bd. V, 215. Vgl. GP (Bd. V, 403).
[188] Ebd.
[189] Theodicée, § 90.
[190] Monadologie, § 73.

endliche Auslöschung" (extinction finale)[191] dar, sondern können als Umwandlungsprozesse ein und desselben Lebewesens vorgestellt werden: „Was wir Zeugungen nennen, sind Entwicklungen (dèveloppemens) und Wachstum (accroissemens), wie das, was wir Tod nennen, nur Einhüllungen (enveloppemens) und Verminderungen (diminuitions) sind."[192]

Die Erscheinungen der Körper von Pflanzen und Tieren kann jedoch „keine Kenntnis von den metaphysischen Dingen"[193] liefern. Alle Erscheinungen müssen mechanisch aufeinander bezogen werden. Sowohl der von Leibniz beschriebene kontinuierliche „Zirkel von Kombination und Produktion" lebendiger Organismen als auch ihre Erzeugung durch „Samen" muß nach mechanischen Gesetzen erklärt werden, auch wenn dies der Aufgabe gleich zusetzen ist, ein Schiff zu konstruieren, daß „allein durch die Gesetze der Mechanik ... seinen Bestimmungshafen erreiche, ohne während der Fahrt von einem mit Einsicht begabten Lenker geleitet zu werden."[194] Die Ordnung der Zusammenhänge in den Körpern von Pflanzen und Tieren ist jedoch *„mehr als alles andere* geeignet"[195], die Organisation einer metaphysischen Einheit an ihnen und durch sie zu veranschaulichen. Die Übertragung der Organisation des monadischen Körpers auf lebendige Organismen wird von Leibniz vorgenommen, um sich erstere 'verbildlicht', aber eben nur in Analogie, vorstellen zu können.

Die Organisation des monadischen Körpers ist damit nur eine logische und in ihrer Logik notwendige Folgerung aus der Annahme, sich den metaphysischen Grund der Welt monadisch als einfache Substanz vorzustellen. Die Monade muß zugleich in der Welt als Körper existieren, jedoch nicht als ein Körper, sondern als ihr Körper in ihrer Welt, d. h. als individueller monadischer Körper in einer einzigartigen Welt. Ihre Welt setzt sich aus vorgestellten anderen Monaden zusammen, welche sich den monadischen Körper nicht ihrerseits wieder als ein empirisches Ding vorstellen können, da sie als dargestellte Körper nicht in ihrer Welt, sondern in der anderen Welt einer anderen Monade sind, und dort nur als Erscheinung

---

191 GP, Bd. IV, 481.
192 Monadologie, § 73. Vgl. GP, Bd. IV, 481.
193 GP, Bd. II, 516. (Brief an des Bosses vom 29. Mai 1716)
194 GP, Bd. IV, 41.
195 Theodicée, Vorwort. (GP, Bd. IV, 42) Meine Hervorhebungen.

repräsentiert werden können. Erscheinungen können deshalb *per definitionem* niemals monadische Körper sein. Sie können nicht organisiert sein, da dies eine logische Voraussetzung des anderen Grundes ist, der sie in seiner Welt vorstellt. Sie können dem anderen Grund nur ähneln, und der andere Grund kann sich durch sie veranschaulichen lassen. Dies ist der Fall in der inneren Ordnung der Körper von Tieren und Pflanzen. Ihre Körper *müssen* jedoch als mechanische Körper erklärt werden.

3.5. Zusammenfassung

Die Struktur der Monade als einfacher Substanz besteht in einem Prozeß, der sich in sich über die Totalität seiner Bedingungen an den Bestimmungen seiner Existenz entwickelt. Die Entfaltung des Prozesses setzt voraus, daß das ihm zugrundeliegende aktive Prinzip bereits von Beginn an alle seine Bedingungen in sich enthält, denn nur das kann existieren und sich verwirklichen, was dem Prinzip des zureichenden Grundes entspricht. Die in der Entfaltung des Prozesses dargestellten Körper bilden die Erscheinungen der Perzeptionen der Monade. Aus der Gleichzeitigkeit und der Sukzession der Erscheinungen entsteht Raum und Zeit. Da die Anzahl möglicher Bestimmungen unendlich, jede entfaltete Bestimmung jedoch begrenzt ist, kann sich die Monade nur im Prozeß einer steigenden Vielfalt von Bestimmungen zu ihrer Totalität hin entwickeln. Durch die Vermittlung der Einheit in der Differenz und der Differenz in der Einheit wird die Perzeption der Monade zur Schnittstelle zwischen der Entfaltung ihres aktiven Prinzips und der Vielfalt der Bezugspunkte der in ihr dargestellten Körper. Leibniz bezeichnet den Prozeß, der in dieser Vermittlung zum Ausdruck kommt, als Organisation.

Um sich von allen anderen Monaden unterscheiden zu können, muß sich die Monade als individuelle Monade die Welt vorstellen. Dafür muß sie sich in ihrer einzigartigen Welt zu allen anderen Monaden in Beziehung setzen. Da die Monade sich nicht von außen selbst perzipieren kann, muß sie die Totalität ihrer Organisation in sich verdoppeln. In dieser Verdopplung repräsentiert die Seele ihren monadischen Körper, und der monadische Körper repräsentiert seine Welt. Die Abstimmung der einzelnen vorgestellten

Monaden in der einen, einzigartigen Welt der individuellen Monade wird dabei durch eine prästabilierte Harmonie gewährleistet, die durch Gott einmalig geschaffen worden ist.

Die Einheit der Monade besteht damit in der Organisation des Prozesses einer sich in sich selbst an sich differenzierenden Totalität möglicher Beziehungen der Seele zu ihrem Körper und des monadischen Körpers zu seiner Welt. Die Seele ist dabei als darstellendes Wesen der Zweck des Körpers, dessen Erscheinungen sich mechanisch aufeinander beziehen. Dies wiederholt sich in der Beziehung des monadischen Körpers zu der auf ihn abgestimmten Welt.

Unter den Erscheinungen, die in der Welt vorgefunden werden, zeichnen sich die Körper von Pflanzen und Tieren als lebendige Organismen in besonderer Weise aus. Ihr Leben besteht in einem kontinuierlichen Prozeß von aufgenommenen und abgegebenen Partikeln in der Ernährung, durch die sich die Ordnung ihrer Körper erhält. Durch diese sich im Prozeß verwirklichende Einheit ihrer Ordnung stellen sie eine Analogie zur Organisation des monadischen Körpers dar. Sie müssen jedoch als Erscheinungen mechanisch erklärt werden.

Kant wird den Zusammenhang zwischen den Erscheinungen und ihrem Grund neu definieren. Dieser Zusammenhang kann für ihn nicht mehr durch eine prästabilierte Harmonie metaphysisch garantiert werden, sondern muß durch die Struktur des Erkenntnisapparats des Subjekts begründet werden, das sich die Erscheinungen vorstellt. Damit verschiebt sich Leibniz` Ansatz, den Grund der Welt über die Entfaltung der einfachen Substanz der Monade als einer in sich an sich differenzierten Totalität zu erklären, in denjenigen Kants, sich die Beziehung des wahrnehmenden Subjekts zur Welt der Erscheinungen über die Bedingungen der Möglichkeit der Erscheinungen im Erkenntnisapparat des Subjekts vorzustellen. Durch die Erscheinungen organisierter Körper entsteht für Kant das Problem, in ihnen etwas voraussetzen zu müssen, was selbst nicht erscheinen kann, nämlich die Organisation organischer Körper. Dieses Problem kann er nicht dadurch erklären, daß er sich auf einen logisch verfaßten Grund der Welt bezieht, der das Verhältnis von Subjekt und Erscheinung bestimmt. Er muß dieses Problem vielmehr durch die Art der Beziehung des wahrnehmenden Subjekts zu den Erscheinungen organischer Körper lösen. Die Transformation der logischen Verfaßtheit eines organisierten Grundes in die Bedingungen der

Möglichkeit der Erscheinungen organischer Körper im Erkenntnisapparat des wahrnehmenden Subjekts wird im folgenden Kapitel anhand der Transzendentalphilosophie Kants dargestellt werden.

4. Erscheinungen als Naturzwecke denken müssen: Kants transzendentale Wende

Kant bestimmt die Erscheinung über das Subjekt, durch das sie vorgestellt wird. Er fragt grundlegend nach den Bedingungen, die es dem Subjekt ermöglichen, sich etwas vorstellen zu können. Derartige Bedingungen stellen die „transzendentalen" Voraussetzungen der Erscheinungen dar, die ihrer Erfahrbarkeit als „apriorische" Bedingungen vorausgehen müssen: „Ich nenne alle Erkenntnis *transzendental*, die sich nicht so wohl mit Gegenständen, sondern mit unserer Erkenntnisart von Gegenständen, so fern diese a priori möglich sein soll, überhaupt beschäftigt. Ein *System* solcher Begriffe würde Transzendental-Philosophie heißen."[196] Da der transzendentale Ansatz auf dem Verhältnis von Erscheinung und vorstellendem Subjekt beruht, muß Kant sowohl die Notwendigkeit zeigen, von einem Subjekt ausgehen zu müssen, als auch darlegen, warum dieses Subjekt wahrnehmen muß, wenn es existiert, um schließlich auf das Verhältnis zu seinen Erscheinungen eingehen zu können. Anschließend wird der Ort bestimmt, an dem die Erscheinungen des Lebendigen im Erkenntnisapparat des Subjekts auftauchen werden. Diesen Ort nimmt die Urteilskraft ein, welche die Vermittlung zwischen Erscheinungen und den Bedingungen ihrer Möglichkeit im Subjekt herstellt. Dann werden jene Erscheinungen, durch die sich für Kant organisierte Körper auszeichnen, dargestellt, um letztlich auf den Begriff des „Naturzwecks" eingehen zu können.

---

[196] KrV, B 25.

4.1. Erscheinung, Noumenon und transzendentales Objekt

Für Kant besteht die Notwendigkeit der Annahme eines Subjekts darin, es als vorstellendes und damit als denkendes Zentrum seiner Vorstellungen voraussetzen zu müssen: „Das: *Ich denke*, muß alle meine Vorstellungen begleiten *können*; denn sonst würde etwas in mir vorgestellt werden, was gar nicht gedacht werden könnte, welches eben so viel heißt, als die Vorstellung würde entweder unmöglich oder wenigstens für mich nichts sein."[197] Das alle Vorstellungen begleitende 'Ich denke' stellt die „Einheit des Bewußtseins" als Bedingung ihrer Möglichkeit dar. Diese Einheit des Bewußtseins bezeichnet Kant als Einheit der „transzendentalen Apperzeption": „Nun können keine Erkenntnisse statt finden, keine Verknüpfung und Einheit derselben unter einander, ohne diejenige Einheit des Bewußtseins, welche vor allen Data der Anschauung vorhergeht, und, worauf in Beziehung, alle Vorstellung von Gegenständen allein möglich ist. Dieses reine ursprüngliche, unwandelbare Bewußtsein will ich nun die *transzendentale Apperzeption* nennen."[198] Die Einheit dieser transzendentalen Apperzeption, das 'Ich denke', wäre jedoch nur eine analytische und damit bedeutungslose Einheit, „könnten wir nicht immer an Erscheinungen (empirischen Gegenständen) ihre Bedeutung darlegen. Daher erfordert man auch, einen abgesonderten Begriff *sinnlich zu machen*, d. i. das ihm korrespondierende Objekt in der Anschauung darzulegen, weil, ohne diese, der Begriff (wie man sagt) ohne *Sinn*, d. i. ohne Bedeutung bleiben würde."[199] Das Subjekt muß deshalb als ein sich etwas vorstellendes Subjekt verstanden werden, um sich in der „Mannigfaltigkeit der Vorstellungen" selbst in seiner Einheit erfahren zu können: „Ich bin mir also des identischen Selbst bewußt, in Ansehung des Mannigfaltigen der mir in einer Anschauung gegebenen Vorstellungen, weil ich sie insgesamt *meine* Vorstellungen nenne, die *eine* ausmachen."[200]

Das Selbst kann sich dabei im Mannigfaltigen der Vorstellungen als identische Einheit nur dann erfahren, wenn es sich der „Funktion" bewußt wird, „wodurch sie dasselbe [Mannigfaltige] synthetisch in einer Erkenntnis

---

[197] KrV, B 131-132.
[198] KrV, A 107.
[199] KrV, B 299.
[200] KrV, B 135.

verbindet."[201] Diese Verbindung stellen wiederum die Gesetze der Beziehungen der Vorstellungen untereinander dar: „Eben diese transzendentale Einheit der Apperzeption macht aber aus allen möglichen Erscheinungen ... einen Zusammenhang aller dieser Vorstellungen nach Gesetzen."[202] Diese Gesetze werden durch die Deduktion des Verstandes begrifflich bestimmt. Für die Bedingung der Möglichkeit aller Erscheinungen ist es dabei zunächst nötig, anzunehmen, daß sie in Raum und Zeit, als „Formen ihrer reinen Anschauung"[203], geschehen. Raum und Zeit stellen damit keine Dinge an sich, sondern nur die notwendige Bedingung der Vorstellung von Erscheinungen dar, und zwar deren Zugleichsein mit anderen und deren Folge auf etwas. Der Begriff eines Körpers, der im Raum erscheint, macht wiederum „die Vorstellung der Ausdehnung, und mit ihr die der Undurchdringlichkeit, der Gestalt etc. notwendig."[204]

Die Erscheinungen in der Natur stehen damit nicht losgelöst vom vorstellenden Subjekt zueinander in einem notwendigen Verhältnis, sondern „gehören vermöge der notwendigen Einheit der Apperzeption in der Synthesis der Anschauungen zu einander, d. i. nach Prinzipien der objektiven Bestimmung aller Vorstellungen, so fern daraus Erkenntnis werden kann, welche Prinzipien alle aus dem Grundsatze der transzendentalen Einheit der Apperzeption abgeleitet sind."[205] Die Gesetzmäßigkeiten der Verhältnisse der Erscheinungen stellen Urteile des vorstellenden Subjekts über seine Erscheinungen dar, die aufgrund der notwendigen Annahme des synthetischen Zusammenhangs aller Erscheinungen in der Einheit der transzendentalen Apperzeption „objektiv gültig" sind: „Dadurch allein wird aus dem Verhältnis *ein Urteil*, d. i. ein Verhältnis, das *objektiv gültig* ist".[206] Aus der „Tafel der Urteile"[207], welche die Bedingung der Möglichkeit von Erscheinungen beinhaltet, leiten sich dann die Begriffe der „Kategorien des

---

[201] KrV, A 108.
[202] Ebd.
[203] KrV, B 37.
[204] KrV, A 106.
[205] KrV, B 142.
[206] KrV, B 142.
[207] KrV, B 95 ff.

Verstandes"[208] ab, die „Quantität", „Qualität", „Relation" und „Modalität" der Erscheinungen konstituieren.

Die Erscheinungen sind deshalb für uns erkennbar, weil im Verstand des Subjekts die Bedingungen ihrer Möglichkeit liegen. Die Kategorien des Verstandes stellen Begriffe dar, „welche den Erscheinungen ... Gesetze a priori vorschreiben."[209] Der Verstand wird damit zum „Vermögen der Regeln", die sich aus der Einheit der transzendentalen Apperzeption in der Mannigfaltigkeit der Erscheinungen ergeben: „... denn Erscheinungen können, als solche, nicht außer uns statt finden, sondern existieren nur in unsrer Sinnlichkeit. Diese aber, als Gegenstand der Erkenntnis in einer Erfahrung, mit allem, was sie enthalten mag, ist nur in der Einheit der Apperzeption möglich. Die Einheit der Apperzeption aber ist der transzendentale Grund der notwendigen Gesetzmäßigkeit aller Erscheinungen in einer Erfahrung. Eben dieselbe Einheit der Apperzeption in Ansehung eines Mannigfaltigen von Vorstellungen (es nämlich aus einer einzigen zu bestimmen) ist die Regel und das Vermögen dieser Regel der Verstand."[210]

Der Verstand bestimmt über seine Kategorien nur das Verhältnis der Erscheinungen untereinander *a priori*, nicht jedoch das konkret in jeder Erscheinung selbst Gegebene als die „Data" oder den „Stoff der Sinnlichkeit".[211] Daher können Verstand und Sinnlichkeit „nur in Verbindung"[212] Gegenstände bestimmen. Der Verstand kann dabei *a priori* niemals mehr leisten, „als die Form einer möglichen Erfahrung überhaupt zu antizipieren."[213] Da nur das, was erscheint, als Gegenstand der Erfahrung möglich ist, und die Data der Erscheinungen nur über die äußeren Sinne vermittelt werden können, kann der Verstand „die Schranken der Sinnlichkeit, innerhalb denen uns allein Gegenstände gegeben werden, niemals

---

208 KrV, B 105 ff.
209 KrV, B 163. Vgl. A.A., Bd. IV, 320.
210 KrV, A 127.
211 Vgl. KrV, A 107.
212 KrV, B 314.
213 KrV, B 303.

überschreiten".[214] Seine Grundsätze können nur die „Prinzipien der Exposition der Erscheinungen"[215] bestimmen.
Der Verstand bestimmt damit „die Gesetzmäßigkeit der Bestimmungen"[216] der Natur *formal* über seine Kategorien, während die gegenständlich bestimmte Natur, als „Inbegriff aller Dinge, sofern sie Gegenstände unserer Sinne, mithin der Erfahrung sein können"[217], die Grenze bildet, innerhalb derer etwas als gesetzmäßig bestimmt werden kann.[218] Der Anspruch, etwas, was selbst nicht erscheinen kann, erklären zu können, würde das Vermögen des Verstandes übersteigen, d. h. eine derartige Erklärung wäre nicht mehr transzendental, sondern transzendent.

Die Vernunft fordert die „durchgängige Einheit" der Verstandesbegriffe, da sie auf die Einheit des Subjekts der transzendentalen Apperzeption zurückführbar sein müssen. Sie ordnet die Begriffe des Verstandes mit Absicht auf eine anzustrebende, jedoch nie zu erreichende Totalität der Synthese der Erkenntnisse in einem System: „Diese Vernunfteinheit setzt jederzeit eine Idee voraus, nämlich die von der Form eines Ganzen der Erkenntnis, welches vor der bestimmten Einheit der Teile vorhergeht und die Bedingungen enthält, jedem Teile seine Stelle und Verhältnis zu den übrigen a priori zu bestimmen. Diese Idee postuliert demnach vollständige Einheit der Verstandeserkenntnis, wodurch diese nicht bloß zufälliges Aggregat, sondern ein nach notwendigen Gesetzen zusammenhängendes System wird."[219] Um diesem Anspruch auf Totalität zu genügen, versucht die Vernunft, „zu dem Bedingten des Verstandes das Unbedingte zu finden".[220]

---

[214] Ebd.
[215] Ebd.
[216] A.A., Bd. IV, 296.
[217] A.A., Bd. IV, 467.
[218] Zum Naturbegriff bei Kant siehe Plaass, 1965, 24-34.
[219] KrV, B 674. Vgl. KrV, A XIII: „In der Tat ist auch reine Vernunft eine so vollkommene Einheit: daß, wenn das Prinzip derselben auch nur zu einer einzigen aller der Fragen, die ihr durch ihre eigene Natur aufgegeben sind, unzureichend wäre, man dieses immerhin nur wegwerfen könnte, weil es alsdenn auch keiner der übrigen mit völliger Zuverlässigkeit gewachsen wäre." Mertens (1975, 24) bemerkt hierzu: „Das systematische Ganze von Erkenntnissen spiegelt also die Struktur der Vernunft selbst wieder, die sich als System realisiert."
[220] KrV, B 364.

Hierfür entwickelt sie die Idee der Seele als einfacher Substanz, die Idee Gottes und die Idee der Welt im Ganzen. Durch diese Ideen kann die Vernunft jedoch über das Vermögen des Verstandes keine Gegenstände durch Begriffe bestimmen, da ihre Ideen die Grenzen der Sinnlichkeit überschreiten. Eine Vernunft, die durch Begriffe bestimmt, würde nur einen transzendentalen Schein erzeugen. Als *transzendentale Idee* kann sie jedoch „regulativ" auf die Verstandestätigkeit einwirken, „um dadurch, so weit es möglich ist, Einheit in die besonderen Erkenntnisse zu bringen, und die Regel dadurch der Allgemeinheit zu *nähern*", ohne die Einheit jemals *bestimmen* zu können.[221] Das Vermögen der Vernunft, Einheit durch Prinzipien der Erkenntnisse zu suchen, beruht auf der Methode, bereits bestehende Erkenntnisse unter immer allgemeineren Regeln systematisch zusammenzufassen, d. h. das Besondere im Allgemeinen zu erschließen. Die Einheit der Erkenntnisse im Subjekt als „Vernunftwesen (ens rationis ratiocinatae)" wird jedoch „nur problematisch zum Grunde gelegt (weil wir es durch keine Verstandesbegriffe erreichen können), um alle Verknüpfung der Dinge der Sinnenwelt so anzusehen, *als ob* sie in diesem Vernunftwesen ihren Grund hätten, lediglich aber in der Absicht, um darauf die systematische Einheit zu gründen, die der Vernunft unentbehrlich, der empirischen Verstandeserkenntnis aber auf alle Weise beförderlich und ihr gleichwohl niemals hinderlich sein kann."[222]

Kant hat damit die methodischen Grundlagen seiner Philosophie geschaffen, um die Erkenntnismöglichkeit des Verstandes durch die Erscheinungen der Sinnlichkeit zu begrenzen.[223] Den Grund der Erscheinungen, der selbst nicht erscheint und damit „ohne Bezug auf unsere Sinne und mögliche Erfahrung ... nichtsinnliche Ursache dieser Vorstellungen ist", nennt Kant „Ding an sich" oder „Noumenon".[224] Die Noumena sind uns gänzlich unbekannt, da sie „weder im Raum noch in der Zeit ... vorgestellt werden müssen, ohne welche Bedingungen wir uns gar keine Anschauung denken können."[225] Da das wahrnehmende Subjekt jedoch gezwungen ist, in

---

[221] KrV, B 675. Vgl. KrV, B 692.
[222] KrV, B 709.
[223] Baumgartner (1988, 95) bezeichnet dies als „Resultat der gesamten Analytik" der KrV.
[224] KrV, B 521. Vgl. KrV, A 249.
[225] KrV, B 522.

seinen Erscheinungen ein Objekt, das „der Sinnlichkeit als einer Rezeptivität“[226] entspricht, mitzudenken, muß es ein „transzendentales Objekt“ voraussetzen: „Alle unsere Vorstellungen werden in der Tat durch den Verstand auf irgend ein Objekt bezogen, und da Erscheinungen nichts als Vorstellungen sind, so bezieht sie der Verstand auf ein Etwas, als den Gegenstand der sinnlichen Anschauung: aber dieses Etwas ist in so fern nur das transzendentale Objekt. Dieses bedeutet aber ein Etwas = x, wovon wir gar nichts wissen“.[227] Das transzendentale Objekt ist deshalb nur wirklich, weil es durch das Subjekt als Korrelat seiner Sinnlichkeit vorgestellt werden muß. Es ist formal gefordert, jedoch nicht als an sich Seiendes erkennbar.

Die Einheit der transzendentalen Apperzeption des Subjekts besteht damit in seinem Bewußtsein, selbst denkendes Zentrum seiner Wahrnehmungen zu sein, ohne den Ursprung seiner Wahrnehmungen in einer Realität der Objekte außer sich denken zu können. Denken kann es sich nur den Bezug der Einheit des Subjekts der transzendentalen Apperzeption und seiner aus der transzendentalen Deduktion gewonnenen Begriffe auf die Erscheinungen der Sinnlichkeit, die formal auf den Bedingungen der Möglichkeit der vorgestellten Mannigfaltigkeit in der Einheit des Subjekts beruhen.

4.2. Die Urteilskraft als Vermittlerin zwischen Begriff und Erscheinung

In der Architektur des Erkenntnisapparats des Subjekts übernimmt der Verstand die Rolle, die Erscheinungen formal über die Begriffe seiner Kategorien zu bestimmen, während es die Aufgabe der Vernunft ist, die Erscheinungen durch Prinzipien der Erkenntnisse unter immer allgemeinere Begriffe, die bereits durch den Verstand bestimmt worden sind, zusammenzufassen. Die Urteilskraft stellt dabei, als „Mittelglied zwischen dem Verstande und der Vernunft“[228], die Vermittlung zwischen den Data der

---

[226] KrV, B 523.
[227] KrV, A 250.
[228] 2. Einleitung der KU, B XXII.

jeweiligen Erscheinungen und ihren Begriffen her. Sie bezeichnet allgemein „das Vermögen, das Besondere als enthalten unter dem Allgemeinen zu denken."[229] Sie kann dafür einerseits im Allgemeinen die Bedingungen des Besonderen aufstellen, indem sie von den Begriffen auf die Erscheinungen schließt, oder versuchen, das Besondere zu verallgemeinern, indem sie Erscheinungen unter Begriffe subsumiert.

4.2.1. Vom Begriff zur Erscheinung

Wenn die Urteilskraft die Bedingungen des Besonderen im Allgemeinen aufstellt, *bestimmt* sie die apriorischen Voraussetzungen der Möglichkeit der Versinnlichung ihrer kategorialen Begriffe. Sie legt damit die Anwendbarkeit ihres transzendentalen Vermögens auf die Data der Erscheinungen fest. Kant bezeichnet sie deshalb als „transzendentale Urteilskraft"[230]. Sie versinnlicht die kategorialen Begriffe des Verstandes durch ein „transzendentales Schema": „Die vermittelnde Vorstellung muß rein (ohne alles Empirische) und doch einerseits *intellektuell*, andererseits *sinnlich* sein. Eine solche ist das transzendentale Schema."[231] Ein derartiges Schema für die Kausalität, die in der Verstandeskategorie der Relation enthalten ist, beschreibt den Gegenstand der Erscheinung als etwas, „worauf, wenn es nach Belieben gesetzt wird, jederzeit etwas anderes folgt."[232] Die Abfolge der Erscheinungen besteht dabei „in der Sukzession des Mannigfaltigen, in so fern sie einer Regel unterworfen ist."[233] Zusammen mit den Schemata der Zeit folgt daraus der dynamische „Zusammenhang der Erscheinungen"[234] durch das Verhältnis von Ursache und Wirkung. Der Begriff der Ursache beinhaltet dabei den Begriff einer „Notwendigkeit der Verknüpfung mit einer Wirkung

---

229 Ibid., B XXIV.

230 KrV, B 171. Durch die formale Anwendbarkeit bestimmt sie jedoch nicht, wie die Begriffe richtig auf die jeweiligen Erscheinungen anzuwenden sind. Dies kann „nicht anders als wiederum durch eine Regel geschehen", welche die Anwendbarkeit ersterer auf den konkreten Fall festlegt. (KrV, B 172)

231 KrV, B 177.

232 KU, B 183.

233 Ebd.

234 KrV, B 263.

und einer strengen Allgemeinheit der Regel."[235] Dies stellt nach Kant die „materiale Notwendigkeit im Dasein" dar, die nicht bloß aus Begriffen erkannt werden kann, „sondern jederzeit nur aus der Verknüpfung mit demjenigen, was wahrgenommen wird, nach allgemeinen Gesetzen der Erfahrung."[236] Das Prinzip der Kausalität ist damit eine „Regel", die Verhältnisse unter Erscheinungen zu ordnen, um Erfahrung möglich zu machen, d. h. „nach welcher aus [einzelnen] Wahrnehmungen Einheit der Erfahrung ... entspringen soll ..."[237] Die „Natur" als „Inbegriff aller Erscheinungen (natura materialiter spectata)"[238] stellt dann „den [dynamischen] Zusammenhang der Erscheinungen ihrem Dasein nach, nach notwendigen Regeln, d. i. nach Gesetzen"[239] dar, d. h. „sofern diese [die Erscheinungen], vermöge eines inneren Prinzips der Kausalität, durchgängig zusammenhängen."[240] Eine Erklärung von Erscheinungen muß sich nach dem Prinzip der Kausalität richten, d. h. sie besitzt dann „objektive Gültigkeit"[241], wenn sie die Beschaffenheit der in ihnen vorgestellten Gegenstände kausal herleitet. In einer derartigen Erklärung[242] werden jedoch nicht die „Bedingungen der Möglichkeit von *Sachen*, sondern nur ihrer Erscheinungen"[243] bestimmt.

Das Ziel einer jeden „Naturwissenschaft", die den Zusammenhang der Erscheinungen nach notwendigen Regeln erklären will, muß es dementsprechend sein, durch das apriorisch gültige Prinzip der Kausalität „von Naturwirkungen objektive Gründe anzugeben."[244] Eine „rationale Naturlehre" ist für Kant deshalb nur dann eine „Naturwissenschaft", „wenn die Naturgesetze, die in ihr zum Grunde liegen, a priori erkannt werden, und

---

[235] KrV, B 5.
[236] KrV, B 279-280.
[237] KrV, B 222.
[238] KrV, B 163.
[239] KrV, B 263.
[240] KrV, B 447, Anmerkung.
[241] KrV, B 44.
[242] Auch eine „transzendentale Erörterung", die sich etwa mit den apriorischen Eigenschaften des Raumes befaßt, durch die Erfahrung überhaupt erst möglich wird, ist „objektiv". (KrV, B 40). Sie erklärt jedoch nicht Erscheinungen, sondern Begriffe.
[243] KrV, B 43.
[244] KdU, B 365.

nicht bloße Erfahrungsgesetze sind."[245] „Eigentliche Wissenschaft" der Natur erfordert entsprechend „einen reinen Teil, der dem empirischen zum Grunde liegt, und der auf Erkenntnis der Naturdinge a priori beruht."[246] Da nur mathematische Sätze eine Anschauung apriori konstruieren können (z. B. die notwendigen Bedingungen eines Dreiecks), beruht die Allgemeingültigkeit aller Naturerkenntnis, und damit einer jeden Naturwissenschaft im strengeren Sinne, auf der Mathematisierbarkeit ihrer Erkenntnisse: „ ... eine reine Naturlehre über bestimmte Naturdinge ... ist nur vermittelst Mathematik möglich, und, da in jeder Naturlehre nur soviel eigentliche Wissenschaft angetroffen wird, als sich darin Erkenntnis a priori befindet, so wird Naturlehre nur soviel eigentliche Wissenschaft enthalten, als Mathematik in ihr angewandt werden kann."[247]

Die transzendentale Urteilskraft bestimmt damit „die Bedingungen der sinnlichen Anschauung, unter welchen einem gegebenen Begriffe, als Gesetze des Verstandes, Realität (Anwendung) gegeben werden kann".[248] Um jedoch auch dem Anspruch der Vernunft auf die Einheit der Erscheinungen nach Prinzipien der Erkenntnisse, die nicht gesetzgebend, sondern nur ordnend sind, gerecht zu werden, bedarf es einer Urteilskraft, die auf den systematischen Zusammenhang der Erscheinungen und ihrer Erkenntnisse reflektiert.

---

[245] A.A., Bd. IV, 468. Meine Hervorhebung.

[246] Ibid., 468-469.

[247] Ibid., 470. Kant unterscheidet innerhalb einer „Naturlehre" zwischen den „*Naturwissenschaften*", der „*Naturbeschreibung*" und der „*historischen Naturlehre*". Zu den Naturwissenschaften zählen für Kant Physik und Chemie. Die strengen Kriterien einer „eigentlichen Wissenschaft" erfüllt nach Kant aber nur die Newtonsche Physik. Die Chemie erfüllt sie nach Kant solange nicht, als sie „kein Gesetz der Annäherung oder Entfernung der Teile angeben läßt, nach welchem etwa in Proportion ihrer Dichtigkeiten u. d. g. ihre Bewegungen samt ihren Folgen sich im Raume a priori anschaulich machen und darstellen lassen" würden. Die „*Naturbeschreibung*" stellt „ein Klassensystem derselben nach Ähnlichkeiten" dar, und die „*historische Naturlehre*" „eine systematische Darstellung derselben in verschiedenen Zeiten und Örtern". (Ibid., 468-470)

[248] KU, B 311.

4.2.2. Von der Erscheinung zum Begriff

Die Methode der Urteilskraft, die auf die systematischen Zusammenhänge der Erscheinungen reflektiert, besteht in der Komparation verschiedener Vorstellungen, um das Vergleichbare in ein Klassensystem immer allgemeinerer Begriffe einordnen zu können. Sie stellt damit ein „besonderes Prinzip der Beurteilung der körperlichen Natur und ihrer Gesetze"[249] dar. Als reflektierende Urteilskraft ist es nicht ihre Aufgabe, Erscheinungen formal zu konstituieren, wie der Verstand durch seine Kategorien, sondern sie reflexiv in einem System der Erkenntnisse durch einen empirischen Begriff im Erkenntnisapparat des transzendentalen Subjekts zu verorten.[250] Die reflektierende Urteilskraft „beurteilt"[251] und „erörtert"[252] ihre Gegenstände nur, während die transzendentale Urteilskraft ihr Objekt „bestimmt"[253] und eine „Erklärung der Erscheinung"[254] verlangt.

Indem Kant die vergleichende Tätigkeit der reflektierenden Urteilskraft in der körperlichen Welt wiederum transzendental überdenkt, wird deutlich, daß er für eine Orientierung in der Mannigfaltigkeit der Erscheinungen die „Möglichkeit systematischer Unterordnung"[255] derselben unter empirische Gesetze und Begriffe immer schon methodologisch vorausgesetzt hat. Denn die Verschiedenheit der Erscheinungen in der Natur muß für das Prinzip der Beurteilung der reflektierenden Urteilskraft eine Vergleichbarkeit aufweisen,

---

[249] KU, B 314.

[250] Vgl. KU, § 82. Entsprechend unterscheidet Kant auch in § 74 der KU (B 329) zwischen einem „dogmatischen" und einem „kritischen" Verfahren der Urteilskraft: „Wir verfahren mit einem Begriffe (wenn er gleich empirisch bedingt sein sollte) dogmatisch, wenn wir ihn als unter einem anderen Begriffe des Objekts ... enthalten betrachten, und ihn diesem gemäß bestimmen. Wir verfahren mit ihm aber bloß kritisch, wenn wir ihn nur in Beziehung auf unser Erkenntnisvermögen, mithin auf die subjektiven Bedingungen, ihn zu denken, betrachten, ohne es zu unternehmen, über sein Objekt etwas zu entscheiden. Das dogmatische Verfahren mit einem Begriffe ist also dasjenige, welches für die bestimmende, das kritische das, welches bloß für die reflektierende Urteilskraft gesetzmäßig ist."

[251] Vgl. KU, B 307: Die reflektierende Urteilskraft ist eine „Beurteilungsart".

[252] Vgl. KdU, B 358.

[253] Vgl. KdU, B 357.

[254] 1. Einleitung der KU, § 6 (H 23).

[255] 2. Einleitung der KU, B XXVII.

die dem systematischen Anspruch der Vernunft auf Einheit der Erkenntnisse entspricht. Die Bedingungen der Möglichkeit des Zusammenhangs der Mannigfaltigkeit der Data der Erscheinungen können jedoch nicht aus den Kategorien des Verstandes abgeleitet werden. Die Möglichkeit der Systematisierbarkeit besonderer Erfahrungen ist damit unbestimmt geblieben: „Wir haben in der Kritik der reinen Vernunft gesehen, daß die gesamte Natur, als der Inbegriff aller Gegenstände der Erfahrung, ein System nach transzendentalen Gesetzen, nämlich solchen, die der Verstand selbst a priori gibt ..., ausmache ... Daraus folgt aber nicht, daß die Natur, auch nach empirischen Gesetzen, ein für das menschliche Erkenntnisvermögen faßliches System sei, und der durchgängige systematische Zusammenhang ihrer Erscheinungen in einer Erfahrung möglich sei."[256] Die Mannigfaltigkeit der Erscheinungen in der körperlichen Natur könnte es der reflektierenden Urteilskraft unmöglich machen, sie unter empirische Begriffe zu subsumieren: „Denn es könnte die Mannigfaltigkeit und Ungleichartigkeit der empirischen Gesetze so groß sein, daß es uns zwar teilweise möglich wäre, Wahrnehmungen nach gelegentlich entdeckten besonderen Gesetzen zu einer Erfahrung zu verknüpfen, niemals aber, diese empirischen Gesetze selbst zur Einheit der Verwandtschaft unter einem gemeinschaftlichen Prinzip zu bringen ..., ob wir gleich ein solches nach transzendentalen Gesetzen voraussetzen müssen."[257] Um die Bedingung der Möglichkeit des systematischen Zusammenhangs der Erscheinungen und ihrer empirischen Begriffe zu garantieren, muß die vergleichende Methode der reflektierenden Urteilskraft für sich selbst, „in subjektiver Rücksicht",

---

[256] 1. Einleitung der KU, § 4 (H 13).

[257] 1. Einleitung der KU, § 4 (H 13-14). Vgl. 2. Einleitung der KU, B XXXVII: „Denn es läßt sich wohl denken: daß, ungeachtet aller der Gleichförmigkeit der Naturdinge nach den allgemeinen Gesetzen, ohne welche die Form eines Erfahrungserkenntnisses überhaupt gar nicht Statt finden würde, die spezifische Verschiedenheit der empirischen Gesetze der Natur, samt ihren Wirkungen, dennoch so groß sein könnte, daß es für unseren Verstand unmöglich wäre, in ihr eine faßliche Ordnung zu entdecken, ihre Produkte in Gattungen und Arten einzuteilen, um die Prinzipien der Erklärung und des Verständnisses des einen auch zur Erklärung und Begreifung des anderen zu gebrauchen, und aus einem für uns so verworrenen (eigentlich nur unendlich mannigfaltigen, unserer Fassungskraft nicht angemessenen) Stoffe eine zusammenhängende Erfahrung zu machen."

eine „Angemessenheit der Natur zu unserem Erkenntnisvermögen“[258] als ein regulatives Prinzip voraussetzen. Durch dieses transzendentale Prinzip schreibt die Urteilskraft nicht der Natur, sondern sich selbst „für die Reflexion über [diese] ... ein Gesetz [vor], welches man das *Gesetz der Spezifikation der Natur in Ansehung ihrer empirischen Gesetze* nennen könnte, das sie [die Urteilskraft] a priori an ihr nicht erkennt, sondern zum Behuf einer für unseren Verstand erkennbaren Ordnung derselben in der Einteilung, die sie von ihren allgemeinen Gesetzen macht, annimmt, wenn sie diesen eine Mannigfaltigkeit unterordnen will.“[259] Der Grund einer solchen Strukturanalogie der Ordnungsverhältnisse in der Natur mit unserem Erkenntnisvermögen läßt sich für uns nur denken, wenn wir voraussetzen, daß die Natur als Inbegriff aller Erscheinungen *per analogiam hominis* so geordnet worden ist, „als ob ein Verstand den Grund der Einheit des Mannigfaltigen ihrer empirischen Gesetze enthalte“[260] und die „Produkte“[261] der Natur in für uns systematisierbarer Ordnung als eine „*Technik der Natur*“[262] hervorbrächte.[263]

Das apriorische Prinzip der reflektierenden Urteilskraft stellt damit „kein Principium der Möglichkeit der Erfahrung und der empirischen Erkenntnis der Gegenstände der Sinne, mithin kein Grundsatz des Verstandes ... [und] auch kein *konstitutives* Prinzip der Vernunft“ dar.[264] Daraus folgt, daß „gar kein Grund a priori angegeben werden kann, ja nicht einmal die Möglichkeit davon aus dem Begriffe einer Natur, als Gegenstande der Erfahrung im allgemeinen sowohl, als im besonderen, erhellet, daß es objektive Zwecke

---

[258] 2. Einleitung der KU, B XLI.

[259] 2. Einleitung der KU, B XXXVII. Vgl. Ibid., B L und 1. Einleitung der KU (§ 5, H 21).

[260] 2. Einleitung der KU, B XXVIII.

[261] Ebd.

[262] 1. Einleitung der KU, § 5 (H 19).

[263] Vgl. Busche, 1990, 11-12. Der in Analogie vorgestellte Verstand müßte ein „intuitiver“ oder ein „anschauender“ Verstand sein. (KU, B 351) Für ihn wären alle begrifflichen Möglichkeiten (Allgemeinheiten) zugleich angeschaute Wirklichkeiten (Konkretheiten) und alle angeschauten Wirklichkeiten begriffliche Möglichkeiten, d. h. „zwischen Möglichkeit und Wirklichkeit“ würde kein Unterschied mehr bestehen. (KU, B 340-341)

[264] KrV, B 537.

der Natur, d. i. Dinge, die nur als Zwecke möglich sind, geben müsse."[265] Der „transzendentale Begriff einer Zweckmäßigkeit der Natur"[266] dient jedoch der Forschung heuristisch zur „Erweiterung der Erfahrung"[267]. Sein Wert besteht darin, daß er als „subjektives Prinzip der Urteilskaft" zugleich eine „Maxime" ist, „weil er nichts dem Objekte (der Natur) beilegt, sondern nur die einzige Art, wie wir in der Reflexion über die Gegenstände der Natur in Absicht auf eine durchgängig zusammenhängende Erfahrung verfahren müssen, vorstellt."[268] Das Prinzip der Zweckmäßigkeit bildet damit einen „Grundsatz der größtmöglichen Fortsetzung und Erweiterung der Erfahrung, nach welchem keine empirische Grenze für absolute Grenze gelten muß, also ein Principium der Vernunft, welches, *als Regel,* postuliert, was von uns im Regressus geschehen soll, und *nicht antizipiert*, was *im Objekte* vor allem Regressus an sich gegeben ist. Daher nenne ich es ein *regulatives* Prinzip der Vernunft ..."[269]

Solange teleologische Prinzipien in wissenschaftlichen Erklärungen nur heuristischen Wert haben, und ihnen das transzendentale Prinzip der Urteilskraft als methodische Voraussetzung einer Orientierung ihrer begrifflichen Klassifikation dient, sind sie unproblematisch, wenn vorausgesetzt werden kann, daß sie generell durch kausalmechanische Erklärungen ersetzt werden können. Dann jedoch, wenn im Verursachungsverhältnis unter den Erscheinungen ein Zusammenhang angenommen werden muß, der sich grundsätzlich mechanisch nicht erklären läßt, entsteht für die reflektierende Urteilskraft in ihrer Mittelstellung zwischen Vernunft und Verstand das Problem, derartige Erscheinungen in ein einheitliches System empirischer Begriffe einordnen zu können. Dies ist der Fall, wenn Kant sich gezwungen sieht, die Erscheinungen organischer Körper aufgrund ihrer inneren Ordnung unter den Begriff des „Naturzwecks" zu subsumieren, d. h. als einen Gegenstand der Erfahrung, der *„von sich selbst Ursache und Wirkung"*[270] und *„in welchem alles Zweck und wechselseitig auch Mittel*

---

[265] Vgl. 2. Einleitung der KU, B LI. Vgl. Düsing, 1986, 88.
[266] 2. Einleitung der KU, B XXXIV.
[267] KU, B 307.
[268] 2. Einleitung der KU, B XXXIV.
[269] KrV, B 53.
[270] KU, B 286.

ist.“[271] Die Spannung in der reflektierenden Urteilskraft entsteht damit durch die Notwendigkeit, die Erscheinungen als Zwecke ausweisen zu müssen, ohne die Bedingungen der Möglichkeit derartiger Zwecke erklären zu können. Im folgenden wird zunächst auf die Erscheinungen eingegangen, die eine derartige Spannung veranlassen.

4.3. Die Erscheinungen organischer Körper

Die Erscheinungen organischer Körper zeichnen sich für Kant nicht durch die „Form der Oberfläche“[272] ihres Körpers aus, sondern durch eine bestimmte Ordnung im Inneren ihres Körpers. Diese innere Ordnung erscheint als eine Aktivität, durch die sich der organische Körper „erzeugt“, „sich selbst weiter ausbildet“ und sich auch „selbst oft hervorbringt“, d. h. er erzeugt sich durch seine Ernährung und durch die Wechselwirkung seiner Teile, bildet sich in seinem Wachstum weiter aus und bringt sich in der Fortpflanzung selbst hervor.[273] In der Ernährung erzeugt der organische Körper durch die „Originalität seines Scheidungs- und Bildungsvermögens“ aus den „Bestandteilen“ seiner Umgebung einen „Stoff“.[274] Die „spezifisch-eigentümliche Qualität“ dieses Stoffes besteht in der Verwendbarkeit für sein inneres Wachstum, das „von jeder anderen Größenzunahme nach mechanischen Gesetzen gänzlich unterschieden“[275] ist. Das „Scheidungs- und Bildungsvermögen“ verwirklicht sich in den Teilen des organischen Körpers, die sowohl „für sich selbst“ bestehen als auch „von der Erhaltung der anderen wechselweise“ abhängen, so wie die Blätter eines Baumes „zwar Produkte des Baumes“ sind, diesen jedoch „auch gegenseitig erhalten“.[276]

Die Erscheinungen organischer Körper machen es damit für die reflektierende Urteilskraft notwendig, ihnen einen Begriff zuzuordnen, der in

---

[271] KU, B 295-296.
[272] KU, B 293.
[273] Ebd.
[274] Ebd.
[275] Ebd.
[276] KU, B 288.

ihrem Inneren einen dynamischen Zusammenhang zwischen ihren Teilen beschreibt, die zwar einerseits „nur durch die Beziehung auf das Ganze möglich" sind, die aber andererseits die „Einheit des Ganzen" auch „erzeugen", indem „sie sich wechselseitig Ursache und Wirkung ihrer Form" sind.[277]

4.4. Der Naturzweck als regulativer Begriff

Die innere Ordnung organischer Körper läßt sich für Kant nicht mechanisch durch ihre Teile erklären, da sie nicht *entweder* Ursache oder Wirkung, sondern sich *zugleich* Ursache und Wirkung sind. Organische Körper stellen deshalb für Kant keine mechanischen, sondern „systematische Einheiten"[278] dar. Die Ordnung in einem derartigen System resultiert nicht nur aus der Wirkung seiner Teile, sondern muß selbst schon als regelnde Ordnung vorausgesetzt werden, um das Verhältnis unter ihren Teilen verstehen zu können. Die Einheit der Teile im organischen Körper kann deshalb nur einen „Erkenntnisgrund der systematischen Einheit der Form alles Mannigfaltigen, was in der gegebenen Materie [ihres Körpers] enthalten ist," darstellen, und zwar „für den, der es beurteilt."[279] Da der Beurteilende die Einheit des Systems immer schon im voraus setzen muß, bevor er sie einem Körper zuweist, stellt sie eine „absolute Einheit der Vorstellung"[280] dar. Eine derartige Vorstellung bezeichnet einen „Zweck", der allgemein definiert ist „als das Produkt ... einer Ursache, deren Bestimmungsgrund bloß die Vorstellung seiner Ursache ist."[281] Die absolute Einheit eines organischen

[277] KU, B 290-291.
[278] KU, B 291.
[279] Ebd.
[280] KU, B 297.
[281] KU, B 350. Die reflektierende Urteilskraft fällt damit ein teleologisches Urteil „über die Zweckmäßigkeit an Dingen der Natur, die als Grund der Möglichkeit derselben (als Naturzwecke) betrachtet wird". (1. Einleitung der KdU, § 8 (H 38) Die „teleologisch-gebrauchte Urteilskraft" stellt zusammen mit der „ästhetischen Urteilskraft", als die nur „formale Zweckmäßigkeit ... durch das Gefühl der Lust und Unlust", die beiden Anwendungsbereiche der reflektierenden Urteilskraft dar. (2. Einleitung der KdU, B L-LII

Körpers wird damit in der Vorstellung des Beurteilenden „als Ursache seiner Möglichkeit angesehen“, d. h. „die Vorstellung eines Ganzen“ enthält „den Grund der Möglichkeit der Form desselben und der dazu gehörigen Verknüpfung der Teile“.[282] Da sich die Ordnung organischer Körper in sich selbst erhält, muß ihr Zweck als eine innere, „sich selbst erhaltende Zweckmäßigkeit“[283] ausgewiesen werden. In ihr müssen die „wirkenden Ursachen“ ihrer Teile *zugleich* als „Wirkung durch Endursachen“ beurteilt werden.[284]

Die Teile organischer Körper werden damit zu „Werkzeugen“[285] der sich selbst erhaltenden Zweckmäßigkeit ihrer inneren Ordnung. Derartige Werkzeuge bezeichnet Kant als „Organe“.[286] Sie unterscheiden sich grundlegend von den Teilen einer Maschine. Die Teile einer Maschine werden nicht von Innen her weiter ausgebildet, und ihre Ordnung erzeugt sich auch nicht selbst in anderen organischen Körpern: „Daher bringt auch, so wenig wie ein Rad in der Uhr das andere, noch weniger eine Uhr andere Uhren hervor, so daß sie andere Materie dazu benutzte (sie *organisierte*).“[287] Die „in sich bildende Kraft“[288] organischer Körper, als ihre Ordnung erzeugende Tätigkeit, stellt damit ihre Organisierungs-Fähigkeit dar, die zusammen mit der aus ihr resultierenden Ordnung die *Organisation* der Körper ausmacht. Der organische Körper „bildet“ damit nicht seine Bestandteile, denn diese setzt er sich von außen hinzu, sondern organisiert sie nur, wobei jedem seiner Organe wiederum selbst, als Einheit in der Einheit, Organisierungs-Fähigkeit zukommt. Ein Organ (als Mittel) erhält dabei immer eine bestimmte Funktion innerhalb des sich selbst erhaltenden, übergreifenden Systems des Körpers, und ist selbst auch wiederum Ursache (als Zweck) einer bestimmten, ihm

---

282 Ebd.
283 KU, B 379.
284 KU, B 291.
285 Ebd.
286 Ebd.
287 Ebd. Meine Hervorhebung. Die Anwendbarkeit des Cartesischen Maschinenmodells auf Kants Konzept der inneren Ordnung organischer Körper wird in der wissenschaftlichen Literatur unterschiedlich interpretiert. Vgl. Sutter (1988, 163-225), McLaughlin (1994, 108) und Zanetti (1993, 131).
288 KU, B 293.

spezifischen Wirkungsweise.[289] Hieraus leitet Kant auch das „Prinzip" und die „Definition" der organischen Körper ab: *„Ein organisiertes Produkt der Natur ist das, in welchem alles Zweck und wechselseitig auch Mittel ist."*[290] Die Wirkungsweise der Teile organischer Körper muß deshalb so gedacht werden, als ob sie von der Aktivität der vorgestellten Einheit, als „Regel der Verbindung [der Teile] desselben an ihm"[291], geregelt wird, während die Teile selbst wiederum eine regelnde Aktivität auf andere Teile aufweisen.

Eine derartige geregelte und sich zugleich selbst regelnde Aktivität im Inneren des organischen Körpers weist ihn als „organisiertes und sich selbst organisierendes Wesen"[292] aus. Durch sein geschlossenes System der Organe wird der organische Körper zu einer „inneren Naturvollkommenheit"[293], die von der reflektierenden Urteilskraft nur unter dem Begriff des „Naturzwecks" [294] subsumiert werden kann.

Organische Körper müssen deshalb so gedacht werden, als ob sie sich aus einer „eigenen Kausalität"[295] erzeugen, die nicht der „Eigentümlichkeit unseres Verstandes"[296] entspricht, durch den allein etwas an Erscheinungen *erklärt* werden kann. Seine Eigentümlichkeit besteht genau darin, die Sukzession der Erscheinungen in der körperlichen Natur immer nur mechanisch nach dem Prinzip der Kausalität durch die formal vorausgesetzte zeitliche Folge einer Wirkung auf eine Ursache erklären zu müssen, ohne dabei zu bestimmen, ob alle Data der Erscheinungen sich auch derart

---

[289] Ich verwende den Funktionsbegriff im folgenden nur in dem Zusammenhang, in dem er in der KU auftaucht, d. h. als Effekt einer bestimmten Wirksamkeit von Organen für den organischen Körper, der für Kant zugleich zweckmäßig für die Organisation der organismischen Gesamt-Aktivität ist. Zur allgemeinen Problematik des Funktionsbegriffs in organischen Körpern sei auf die bereits bestehende, umfangreiche wissenschaftliche Literatur verwiesen. Vgl. Wiener (1943), Nagel (1961), Hempel (1965), Beckner (1969), Lewontin (1969), Ruse (1971), Wright (1973), Zumbach (1984), Gutman (1996), Colin (1998) und McLaughlin (1999).

[290] KU, B 295-296.

[291] KU, B 45.

[292] KU, B 292.

[293] KU, B 294.

[294] KU, B 296.

[295] KU, B 291. McLaughlin (1994, 105-106) bezeichnet sie als „holistische Kausalität".

[296] KU, B 344. Vgl. KU, B 387.

erklären lassen können.[297] Ein „Ganzes der Materie"[298] kann deshalb vom Verstand nur als eine Zusammensetzung für sich bestehender Bestandteile angesehen werden, deren Zusammensein bereits das Ganze ihrer Zusammensetzung ausmacht.[299] Die Grenzfläche eines derartigen Ganzen, seine Einheit, wird damit nicht durch seine innere Ordnung, sondern nur durch die Form seiner Oberfläche, die sich bei jeder Teilung der Materie ändert, angezeigt.

Die Organisation organischer Körper als „absolute Einheiten in der Vorstellung" stellt für unseren Verstand eine generell „unerforschliche Eigenschaft"[300] ihrer inneren Ordnung dar: „Es ist nämlich ganz gewiß, daß wir die organisierten Wesen und deren innere Möglichkeit nach bloß mechanischen Prinzipien der Natur nicht einmal zureichend kennen lernen, viel weniger uns erklären können."[301] Als „Naturzweck" kann der organische Körper deshalb keinen durch den Verstand bestimmten „Zweck der Natur"[302] darstellen. Er muß vielmehr eine „empirisch *bedingte*"[303] Annahme darstellen, d. h. der Naturzweck ist ein „nur unter gewissen in der Erfahrung gegebenen Bedingungen möglicher, aber doch von derselben nicht zu abstrahierender, sondern nur nach einem Vernunftprinzip in der Beurteilung des Gegenstandes möglicher Begriff."[304] Er ist deshalb ein durch das

---

[297] Vgl. Marc-Wogau (1938, 219-220) und Zanetti (1994, 130-133).

[298] KU, B 351.

[299] Vgl. McLaughlin, 1989, 148: „Unsere eigentümliche („mechanische") Erklärungsart ist es, die Zurückführung des Besonderen auf das Allgemeine mit der Reduktion eines Ganzen auf seine Teile gleichzusetzen." Vgl. auch Roretz (1919, 60) und Wahsner (1993, 22).

[300] KU, B 293.

[301] KU, B 337. Dies ist für Kant „so gewiß, daß man dreist sagen kann, es ist für Menschen ungereimt, auch nur einen solchen Anschlag zu fassen, oder zu hoffen, daß noch etwa dereinst ein Newton aufstehen könnte, der auch nur die Erzeugung eines Grashalms nach Naturgesetzen, die keine Absicht geordnet hat, begreiflich machen werde: sondern man muß diese Einsicht den Menschen schlichtweg absprechen." (KU, B 337-338) Vgl. auch A.A., Bd. 1, 230.

[302] KU, B 295.

[303] KU, B 330. Meine Hervorhebung. Die reflektierende Urteilskraft sieht sich daher „genötigt ... für gewisse Formen in der Natur ein anderes Prinzip, als das des Naturmechanismus zum Grunde ihrer Möglichkeit zu denken." (KU, B 316)

[304] Ebd. Vgl. KU, B 330-331.

„transzendentale Erkenntnisprinzip"[305] notwendiger, und damit transzendental *für uns* objektiver Begriff, auch wenn er als objektiver Zweck niemals an einer Erscheinung empirisch bestimmbar ist: Da die Erfahrungen organischer Körper „nur als Zwecke ... möglich gedacht werden" können, verschaffen sie dem Begriff des Naturzwecks „objektive Realität"[306], obwohl „der Begriff eines Naturzwecks seiner objektiven Realität nach gar nicht *erweislich* ist"[307]. Einen derartigen Begriff nennt Kant „regulativ"[308]. Seine Notwendigkeit geht „gänzlich die Verbindung unserer Begriffe, und nicht die Beschaffenheit der Dinge" an.[309] Die Subsumierung der Erscheinungen organischer Körper unter Naturzwecke beruht „nicht auf einem Grunde der *Erklärung* (Explikation) der Möglichkeit eines Produkts nach gegebenen Gesetzen für die *bestimmende*, sondern nur auf einem Grunde der *Erörterung* (Exposition) derselben für die reflektierende Urteilskraft".[310] Der regulative Begriff löst damit die Spannung zwischen der „Eigentümlichkeit unseres Verstandes"[311], alle Erscheinungen nur mechanisch erklären zu können, und der durch die Erscheinungen organischer Körper bedingten Notwendigkeit, bestimmte Erfahrungen als Naturzwecke ausweisen zu müssen.

Um sich die „eigene Kausalität" des Naturzwecks vorstellen zu können, kann Kant weder auf eine an sich organisierte Materie, deren Begriff widersprüchlich ist[312], noch auf eine organisierende Seele zurückgreifen, die

---

[305] 2. Einleitung der KU, B XXXIV.
[306] KU, B 295.
[307] KU, B 331.
[308] KU, B 331.
[309] KU, B 310. Diese strikte Trennung wird in Kants *Opus postumum* undeutlich. Vgl. Hübner (1953), Riese (1965), Lehmann (1969, 302-320), Löw (1980, 230-231, 272), Düsing (1989, 164 ff.) und Matthieu (1989, 43).
[310] KU, B 357-358.
[311] KU, B 344.
[312] Vgl. KU, B 327: „Aber die Möglichkeit einer lebenden Materie (deren Begriff einen Widerspruch enthält, weil Leblosigkeit, inertia, den wesentlichen Charakter derselben ausmacht) läßt sich nicht einmal denken." Vgl. KU, B 328: „Es muß also ein Zirkel im Erklären begangen werden, wenn man die Zweckmäßigkeit der Natur an organisierten Wesen aus dem Leben der Materie ableiten will, und dieses Leben wiederum nicht anders als in organisierten Wesen kennt, also ohne dergleichen Erfahrung sich keinen Begriff von der Möglichkeit derselben machen kann."

nur außerhalb der körperlichen Natur als ein ihr „fremdartiges“[313] Noumenon, und damit nicht als mögliche Erfahrung gedacht werden kann. Die organischen Körper können auch nicht mit mechanischen „Kunstwerken“[314] verglichen werden. Ein derartiges „Kunstwerk“ stellt das „Produkt einer von der Materie (den Teilen) desselben unterschiedenen vernünftigen Ursache, deren Kausalität (in Herbeischaffung und Verbindung der Teile) durch ihre Idee von einem dadurch möglichen Ganzen ... bestimmt wird.“[315] Die „vernünftige Ursache“ des „Kunstwerks“, als *causa finalis,* liegt damit nicht in der zweckmäßigen Anordnung seiner Teile selbst, als *causa formalis,* sondern verweist auf „den Künstler (als ein vernünftiges Wesen) außer ihr.“[316] Die *causa finalis* und die *causa formalis* müssen jedoch im Begriff des Naturzwecks zusammenfallen, da die Erscheinungen organischer Körper uns nötigen, sie als eine „sich selbst erhaltende Zweckmäßigkeit“ zu beurteilen.[317] Durch den Vergleich der Erscheinungen mit Kunstwerken ist deshalb „bei weitem zu wenig gesagt“.[318] Denn die Möglichkeit, sich selbst als Zweck zu setzen, besitzt nur das Subjekt der transzendentalen Apperzeption, das durch das Bewußtsein seiner selbst eine zweckmäßige Einheit seiner Erkenntnisvermögen und Begriffe voraussetzen

---

313 Vgl. KU, B 293.

314 Jedes mechanische Konstrukt, dessen Teile „ein Werk des Menschen“ sind, stellt für Kant ein „Kunstwerk“ dar. (Vgl. KU, B 174) Das mechanische Kunstwerk muß dabei vom ästhetischen unterschieden werden : „Wenn die Kunst ... bloß ihn [den Gegenstand] wirklich zu machen die dazu erforderlichen Handlungen verrichtet, so ist sie *mechanische,* hat sie aber das Gefühl der Lust zur unmittelbaren Absicht, so heißt sie *ästhetische* Kunst.“ (KU, B 177-178) Nicht alle „Maschinen“ stellen jedoch „mechanische Kunstwerke“ dar, da „wir gewisse Hebezeuge, die ihren zu einem Zwecke abgezielten Effekt, auch ohne eine ihr zum Grunde gelegte Idee haben können, z. B. einen Hebebaum, eine schiefe Fläche, zwar Maschinen, aber nicht Kunstwerke nennen werden; weil sie zwar zu Zwecken gebraucht werden können, aber nicht bloß in Beziehung auf sie möglich sind.“ (1. Einleitung der KdU, § 7, H 25) Vgl. Sutter, 1988, 187, Anmerkung 22.

315 KU, B 290.

316 KU, B 293.

317 Vgl. Mertens (1975, 168): „Was auf Kunstprodukte zutrifft, das Getrenntsein der Zweckvorstellung vom realen Ganzen als Zweck, darf die Urteilskraft von Naturzwecken gerade nicht annehmen.“ Vgl. auch Zumbach (1984, 7) und Sutter (1988, 197).

318 Ebd. „Kunst“ ist von der inneren Ordnung organischer Körper vielmehr „unendlich weit entfernt“. (KU, B 287)

muß, um das denkende Zentrum seiner Wahrnehmungen darstellen zu können. Die Möglichkeit, Subjekt einer transzendentalen Apperzeption zu sein, kann jedoch nicht an anderen Dingen erkannt werden, da eine derartige Erkenntnis transzendent wäre. Die sich selbst erhaltende Zweckmäßigkeit als regulativer Begriff der organischen Körper ist damit „nach keiner Analogie irgend eines uns bekannten physischen, d. i. Naturvermögens, ... denkbar und erklärlich."[319] Sie besitzt „nichts Analogisches mit irgend einer Kausalität, die wir [in der körperlichen Natur] kennen".[320] Die einzige „angemessene Analogie"[321] kann deshalb nur die sich selbst setzende Zweckmäßigkeit des transzendentalen Subjekts sein, die Kant als sein „praktisches Vernunftvermögen" bezeichnet: „Der Begriff des Naturzwecks ist also ein regulativer Begriff, ... nach einer *entfernten Analogie* mit unserer Kausalität nach Zwecken überhaupt die Nachforschung über Gegenstände dieser Art zu leiten und über ihren obersten Grund nachzudenken; das letztere zwar nicht zum Behuf der Kenntnis der Natur, oder jenes Urgrundes derselben, sondern vielmehr eben desselben praktischen Vernunftvermögens in uns, mit welchem wir die Ursache jener Zweckmäßigkeit in Analogie betrachten."[322] Die Möglichkeit, eine angemessene Analogie anzunehmen, liegt damit im wahrnehmenden Subjekt selbst, die Notwendigkeit, sich eine derartige Analogie vorstellen zu müssen, liegt jedoch in bestimmten Erfahrungen, die aus den Erscheinungen organischer Körper hervorgehen. Da in der einzig angemessenen, wenn auch nur „entfernten" Analogie die innere Ordnung organischer Körper mit der Struktur des transzendentalen Subjekts über den Begriff der Organisation, der eine organisierende und zugleich organisierte Ordnung bezeichnet, verglichen wird, stellt sie eine *Analogie der Organisation des transzendentalen Subjekts für die Erscheinungen in organischen Körpern* dar.

Um in den Besitz der bestimmten Erfahrungen zu gelangen, die uns zu einer derartigen Analogie nötigen, muß derjenige, der die Erscheinungen organischer Körper beurteilt, zuallererst die richtige Methode anwenden, d. h. er muß an den „Naturformen diejenige äußere Gestalt, oder auch den

---

319 KU, B 294.
320 Ebd.
321 Ebd.
322 KU, B 294-295. Meine Hervorhebungen.

inneren Bau derselben [beobachten können], die so beschaffen sind, daß ihr eine Idee von denselben in unserer Urteilskraft zum Grunde gelegt werden muß."[323] Durch diese Beobachtungen müssen wir erfahren können, daß die innere Ordnung der organischen Körper als eine Aktivität zu denken ist, welche die Bestandteile ihrer Umgebung, als „Konkretionen nach bloß mechanischen Gesetzen"[324], auf spezifisch-eigentümliche Weise „herbeischafft, diese ... modifiziert, formt, und an ihrer gehörigen Stelle absetzt"[325]. Der Forscher ist demnach erst in der Lage und dazu veranlaßt, über eine „andere Ordnung der Dinge", die nicht durch einen „Mechanism der Natur" erklärt werden kann, nachzudenken, wenn es ihm möglich ist, sie „von Erfahrung abzuleiten ..., nämlich derjenigen, welche methodisch angestellt wird und Beobachtung heißt."[326] Wenn die Art der Beobachtung der Spezifik der Erscheinungen organischer Körper angemessen ist, zeigt sich dem Beurteilenden eine innere Ordnung der Dinge, in der „alles ... als organisiert betrachtet werden muß, und alles auch in gewisser Beziehung auf das Ding selbst wiederum Organ ist."[327]

4.5. Zusammenfassung

Kant bestimmt den Zusammenhang der Mannigfaltigkeit der Erscheinungen über die Bedingungen ihrer Möglichkeit *a priori* als Vorstellungen in der Einheit des Subjekts der transzendentalen Apperzeption. Die transzendentale Apperzeption des Subjekts besteht in dem sich selbst setzenden Bewußtseinsakt des 'Ich denke', der sich erst über die Mannigfaltigkeit der Data, die von den Sinnen geliefert werden, inhaltlich bestimmen kann. Die Erscheinungen stehen damit in einem zweifachen Verhältnis zum Subjekt: Sie werden einerseits durch das Subjekt über die Bedingungen ihrer Möglichkeit als Vorstellungen formal bestimmt und begrenzen andererseits die

---

323 1. Einleitung der KU, § 6 (H 22).
324 KU, B 298.
325 Ebd.
326 KU, B 296.
327 KU, B 298.

Erkenntnisfähigkeit des Subjekts durch die von ihnen gelieferten Data auf das, was ihm in seinen Sinnen vorgestellt wird. Die formalen Bestimmungen der Erscheinungen werden vom Verstand über Begriffe geleistet, die kategoriell alle möglichen Formen der Anschauung konstituieren und den gesetzmäßigen Zusammenhang zwischen den Erscheinungen festlegen.

Die sich selbst setzende Einheit des Subjekts der transzendentalen Apperzeption erfordert über die Vernunft auch ein nach notwendigen Gesetzen zusammenhängendes System der Verstandeserkenntnisse, dessen Totalität die Grenzen des durch Wahrnehmung Erkennbaren übersteigt und damit als Begriff des Verstandes transzendent wäre. Die Forderung nach Totalität kann daher nur eine Idee der Vernunft darstellen, die Annäherung der begrifflichen Bestimmungen des Verstandes an die Allgemeinheit eines zusammenhängenden Systems nach Prinzipien der Erkenntnisse regulativ zu leiten. Der Grund der Erscheinungen, als nicht-sinnliche Ursache der Vorstellungen des Subjekts, kann damit vom Verstand nicht erkannt werden. Diesen unerkennbaren Grund der Erscheinungen bezeichnet Kant als Noumenon. Da die Vorstellungen des Subjekts jedoch auf einen Gegenstand bezogen werden müssen, die Erscheinungen aber nur als Vorstellungen gedacht werden können, stellt das Korrelat der sinnlichen Wahrnehmung ein nur transzendental gefordertes Objekt dar. Das Subjekt der transzendentalen Apperzeption ist sich damit bewußt, selbst Bedingung der Möglichkeit seiner Vorstellungen zu sein, ohne den Ursprung seiner Vorstellungen in einem Ding außer sich erkennen zu können.

Die Vermittlung zwischen dem Anspruch der Vernunft auf den gesetzlichen Zusammenhang der Data der Erscheinungen und den kategorialen Begriffen des Verstandes übernimmt das Vermögen der Urteilskraft. Es besteht darin, einerseits im Allgemeinen die Bedingungen des Besonderen durch transzendentale Schemata zu bestimmen, und andererseits das Besondere unter immer allgemeinere Begriffe zu subsumieren. Im transzendentalen Schema der Kausalität wird dabei das Verhältnis der Erscheinungen als bewegter Körper in der Natur über die zeitliche Abfolge von Ursache und Wirkung festgelegt. Die Erklärung von Erscheinungen ist dann objektiv, wenn sie die Bedingungen ihrer Möglichkeit kausal herleitet. Darin besteht die Aufgabe der Naturwissenschaften.

Kein transzendentales Schema kann jedoch garantieren, daß die Verschiedenheit der Erscheinungen eine Vergleichbarkeit aufweist, die dem systematischen Anspruch der Vernunft entspricht. Die reflektierende Urteilskraft, die durch Vergleich konkrete Erscheinungen der körperlichen Natur allgemeinen Begriffen zuordnet, muß daher ein Prinzip der Zweckmäßigkeit unter den Erscheinungen für das Gelingen ihrer Methode transzendental voraussetzen. In der Forschung dient das Prinzip der Zweckmäßigkeit heuristisch zur Erweiterung der Erfahrungserkenntnisse, ohne daß dadurch etwas als ein Zweck der Natur bestimmt werden könnte.

Die Erscheinungen organischer Körper stellen die reflektierende Urteilskraft jedoch vor das Problem, ihren Zusammenhang so denken zu müssen, als ob sie sich gegenseitig Zweck und *zugleich* auch Mittel wären. Ihre Erscheinungen lassen sich in einer sich selbst in der Ernährung erzeugenden, sich im Wachstum weiter ausbildenden und sich auch selbst in der Fortpflanzung hervorbringenden inneren Ordnung beschreiben. Die innere Ordnung besteht damit grundlegend in der sich in der Zeit gleichbleibenden Aktivität, von außen aufgenommene Bestandteile auf spezifisch-eigentümliche Weise zu scheiden, zu verbinden und an einer bestimmten Stelle im Körper abzusetzen. Die Teile des organischen Körpers werden dabei sowohl durch ihre Beziehung auf das Ganze als auch durch ihre Wirkung auf andere Teile bestimmt, aus welcher der organische Körper auch wiederum selbst hervorgeht. Der organische Körper muß daher von demjenigen, der seine Erscheinungen von außen beurteilt, als eine sich selbst erhaltende Zweckmäßigkeit angesehen werden. Die ordnende Aktivität des organischen Körpers wird zum Ausdruck einer Organisation, die sowohl aus seinen organischen Einheiten, den Organen, hervorgeht, als auch wiederum selbst die Tätigkeit seiner Organe regelt. Die Funktion eines Organs stellt dabei seinen Effekt als eine bestimmte physische Wirksamkeit auf andere Organe dar, der zugleich allgemein zweckmäßig für die Aktivität aller Organe ist. Durch seine Organisierungs-Fähigkeit unterscheidet sich ein Organ grundlegend von den Teilen einer Maschine. Aus dem funktionalen Zusammenschluß der Organe entsteht die innere Geschlossenheit der organischen Körper. Ihre innere Geschlossenheit, die Kant auch als innere Naturvollkommenheit bezeichnet, muß letztlich als Ausdruck der Tätigkeit eines organisierten und sich selbst organisierenden Wesens angesehen werden, dessen Organisation (als Regel der Verbindung seiner Organe) die Einheit seines Körpers von innen her nicht nur als ein bloß ausgedehntes Ganzes der Materie bestimmt.

Da die absolute Einheit der Organisation nur in der Vorstellung des Beurteilenden liegen kann, diese Vorstellung jedoch durch die Erscheinungen selbst empirisch bedingt wird, ist der Begriff des Naturzwecks, unter den sie subsumiert werden, regulativ und doch notwendig als transzendentale Erfahrungserkenntnis. Der regulative Begriff steht damit nicht im Widerspruch zum Prinzip der Kausalität, da er nur eine andere als die von der Eigentümlichkeit unseres Verstandes geforderte mechanische Erkenntnisart, nämlich eine transzendentale darstellt, die in Ergänzung zum Mechanismus in der Natur ein bestimmtes Feld der Erscheinungen, und zwar das der organischen Körper, erörtert, nicht jedoch durch einen Begriff bestimmt. Die einzig angemessene Analogie, durch die der Begriff des Naturzwecks vorgestellt werden kann, ist nicht die Vorstellung einer an sich organisierten Materie oder einer organisierenden Seele, noch diejenige eines Kunstwerks, das erst durch einen Künstler geschaffen werden muß, sondern die der Organisation des transzendentalen Subjekts als sich selbst setzende Zweckmäßigkeit seines praktischen Vernunftvermögens. Die Notwendigkeit, eine derartige Analogie anstellen zu müssen, kann jedoch nicht aus den apriorischen Voraussetzungen der Vorstellungen des Subjekts selbst abgeleitet werden, sondern wird durch die Erscheinungen der organischen Körper zuallererst veranlaßt und ist damit empirisch bedingt.

Die Methode einer empirischen Wissenschaft, die von Kants Beurteilung der Erscheinungen organischer Körper als geschlossener Systeme von Scheidungs- und Bildungsprozessen ausgeht, wird von Cuvier in der vergleichenden Anatomie formuliert. Cuvier versucht dabei, das geschlossene Organsystem der lebenden Körper in Beziehung zu seine Umgebung zu setzen und es dadurch zu erklären. Eine derartige Annahme wird für Cuvier durch die Beobachtung veranlaßt, daß sich bei bestimmten Zusammenhängen derjenigen Erscheinungen, die den lebenden Körper umgeben, immer nur bestimmte Zusammenhänge zwischen den Organen im Körper und in den Organen selbst finden lassen. Für die Erklärung der wechselseitigen Anpassung der inneren und äußeren Verhältnisse orientiert sich Cuvier an dem Erkenntnisbegriff der Naturwissenschaften, den Kant in der *Kritik der reinen Vernunft* entwickelt hat. Nur die kausale Erklärung eines Gegenstandes, der dem Forscher in der Beobachtung erscheinen muß, ist eine objektive Herleitung seiner Beschaffenheit. Durch eine derartige Erklärung wird jedoch für Cuvier der Gegenstand selbst und nicht nur die

Erscheinung eines transzendentalen Objekts bestimmt. Die Erscheinungen lebendiger Körper werden damit in Cuviers vergleichender Anatomie zu den „positiven Fakten“ eines empirischen Dinges.

5. Cuvier und die Organisation des Lebendigen

Das für die sich herausbildende Biologie spezifische Spannungsverhältnis, in das sich die vergleichende Anatomie begibt, liegt im Anspruch Cuviers, lebendige Körper nur über ihre physischen Effekte kausal erklären zu können, obwohl die Totalität ihrer Organisation eine für ihn empirisch nicht erfahrbare und damit transzendente Voraussetzung ihrer Existenzmöglichkeit ist. Kant konnte diese für Cuvier transzendente Voraussetzung transzendental umwandeln und im Begriff des Naturzwecks als sich selbst erhaltende Zweckmäßigkeit erörtern, während Leibniz sie metaphysisch über die sich selbst entfaltende Monade bestimmt hat. Cuvier muß die immer schon vorausgesetzte Totalität der Organisation organischer Körper und seinen Anspruch, die organischen Körper kausal als empirische Objekte erklären zu können, in eine Methode integrieren, welche die vergleichende Anatomie als eigenständige Naturwissenschaft neben Physik und Chemie legitimieren soll. Der Aufbau dieser Methode wird im folgenden herausgearbeitet werden.

Die Gewebe und Flüssigkeiten der inneren Organe der toten[328] Körper stellen für Cuvier grundlegend die „positiven Fakten“ (faits positifs)[329] dar, von denen jeder Vergleich in der Anatomie ausgehen muß und die nur auf „eigenen Beobachtungen“[330] beruhen können. Das positive Faktum „kann uns nur von den äußeren Sinnen her erscheinen, weil seine Realität allein in

[328] Vgl. Outram, 1986, 331, Fußnote 24: Cuvier "himself never used vivisectionist techniques ..."
[329] Cuvier, *Leçons d'anatomie*, 1805, Bd. III, Brief an Herrn de la Cépède, XVIII.
[330] Cuvier, 'Mémoire sur la structure interne et externe ...', 1795, 387.

der Erfahrung besteht."[331] Die Erkenntnisfähigkeit des Anatoms bewegt sich damit innerhalb der „Grenzen, die durch Beobachtung bestimmt werden können."[332] Das, was den vergleichenden Anatomen auszeichnet, ist seine Fähigkeit, im Toten das Lebendige zu erkennnen, den „Zustand des Lebens" aus dem leblosen Material sezierter organischer Körper abzulesen: „Die *generelle Form* der Beine der Insekten hängt von ihrer Lebensweise ab. Sind sie dazu bestimmt, im Wasser zu bleiben, zu schwimmen? Dann sind die Beine flach, lang und behaart. Müssen sie dem Graben in der Erde dienen? Dann sind sie größer, gezackt und schneidend. Dienen sie nur zum Laufen? Dann sind sie lang und zylindrisch. Sind sie zum Springen geeignet? Der Schenkel ist massiger, das Bein in die Länge gezogen, oft gebogen. Letztlich kann man, nach all diesen Bestätigungen, selbst im toten Insekt sein Verhalten und seine Lebensweise (manière de vivre) erkennen."[333] Damit rückt der lebendige Organismus in das Zentrum der vergleichenden Anatomie, und zwar in das Spannungsfeld zwischen dem abstrakten Raum seiner Organisation und der plastisch erfahrbaren Realität seiner Organe.

Die Gegenstände der vergleichenden Anatomie müssen „einfach genug sein, um ... zu gewährleisten, erfolgreich untersucht zu werden."[334] Ein organischer Körper, „dessen Organisation sich dem Skalpell nicht öffnet", kann auch nicht durch die vergleichende Anatomie erklärt werden.[335] Sie benötigt die Kenntnis der Details seiner inneren Ordnung. Diese Details

[331] Cuvier, *Leçons d'anatomie*, 1805, Bd. III, Brief an Herrn de la Cépède, XVIII.
[332] Cuvier, *Tableau élémentaitre*, 1798, 11.
[333] Cuvier, *Leçons d'anatomie*, 1805, Bd. I, 452-453. Vgl. 'Sur le Mégathérium ...', 1804, 386. Vgl. auch Bourdiers Beschreibung von Cuviers paleontologischen Untersuchungen: „As early as 1804 Cuvier had the idea of reconstructing the musculature of extinct animals from imprints left by the muscles on the bones; then he merely had to imagine the skin over the muscles and the animal was practically brought back to life." (1971, 525)
[334] Cuvier, *Règne animal*, 1817, Bd. I, 4.
[335] Ibid., Einleitung, XI. In Cuviers Werk finden sich nur wenige Hinweise auf den Gebrauch eines Mikroskops. Vgl. Cuvier, *Leçons d'anatomie* (Bd. II, 442; Bd. IV, 89) und *Règne animal* (Bd. IV, 6 und 67). Vgl. auch Stevens (1994: 64-65): „ ... Cuvier ... observed only gross anatomy. He dissected organisms, perhaps using a lent to clarify what the scalpel disclosed, and he was primarily interested in bones, muscles, and their connections, as well as viscera in general and the courses of nerves and blood vessels."

werden durch wiederholte Vergleiche an verschiedenen organischen Körpern „verifiziert".[336]

Die Vergleiche können jedoch nicht an beliebigen Merkmalen vollzogen werden. Wenn ein vergleichender Anatom die Geweihform von verschiedenen Hirschen untersucht, so ist es nicht die Vielzahl der „äußeren Formen", die ihn interessiert: „Man kennt die äußeren Formen [des Geweihs des Hirsches] zur Genüge, sei es in den verschiedenen Arten, wie dem Elch, dem Rentier, dem Damhirsch, ... dem Reh, etc., sei es in den verschiedenen Altersstufen der gleichen Art. Derartige Themen gehören der Naturgeschichte im eigentlichen Sinne an (l'histoire naturelle proprement dite)."[337] Es ist vielmehr die „innere Struktur"[338] des Geweihs des Hirsches, die sich sowohl aus der Organisation aufbauender und abbauender Prozesse im Körper als auch aus ihren äußeren Existenzbedingungen ergibt, die seine äußere Form möglich macht.

Um überhaupt einen „nützlichen Vergleich" (comparaison effective)[339] anstellen zu können, muß der Anatom die inneren und äußeren Existenzbedingungen der umfassenden Organisation des sezierten organischen Körpers berücksichtigen, und zwar als eine „notwendige Bedingung für seinen Erfolg"[340]. Cuvier sieht sich deshalb gezwungen, zum einen die Zusammenhänge zwischen dem System der Organe und ihren äußeren Existenzbedingungen kausal durch die positiven Fakten sichtbarer Details seiner sezierenden Tätigkeit zu erklären, zum anderen jedoch den abstrakten

---

336 Cuvier, *Discours préliminaire*, 1812, 66. Cuvier bezeichnet die minutiöse Detailarbeit deshalb auch als die „Basis" (base) der Zoologie. ('Considérations sur les Mollusques ...', 1830, 247) Vgl. Laurent (1987, 95-96): „Cuvier empfiehlt ... die Detailstudie, die minutiöse und konkrete Analyse als ersten Schritt des Wissenschaftlers vor seinem zu untersuchenden Objekt ... Man muß sich nur auf die konkreten Realitäten beziehen, und das beschreiben, was man sieht, ..." Vgl. auch Outram, 1986, 358-359.

337 Cuvier, *Leçons d'anatomie*, 1805, Bd. I, 113-115. Vgl. Cuvier, *Leçons d'anatomie*, 1805 (Bd. II, 373): „ ... aber alle diejenigen Dinge, die von außen sichtbar sind, müssen wir den Naturalisten überlassen." Vgl. auch Cuvier, *Leçons d'anatomie* (1805, Bd. III, Brief an Herrn de la Cépède, XIII-XIV) und Ibid., 470.

338 Vgl. Cuvier, 'Mémoire sur la structure interne et externe ...', 1795, 386 ff.

339 Cuvier, *Discours préliminaire*, 1812, 65.

340 Cuvier, *Règne animal*, 1817, Bd. I, Einleitung, XI.

Raum seiner Organisation wiederum selbst für das Verständnis des untersuchten Gegenstands vorauszusetzen.

Als Leitfaden in dem „verworrenen Labyrinth der Formen des Lebens“[341] dient dem vergleichenden Anatom ein „allgemeiner Plan“ (plan général)[342], der sich aus dem Prinzip der Organisation, d. h. den „Bedingungen der Existenz, der Übereinstimmung der Teile und ihrer Koordination für die Rolle, die das Tier in der Natur spielen muß“ [343], ergibt.[344] Er muß jeder Organisation zugrundeliegen und jeder diskrete Organisationstyp muß sich aus einem derartigen allgemeinen Plan ableiten lassen. Aus ihm resultiert zuallererst die „Möglichkeit zu bestimmten Ähnlichkeiten“ (la possibilité de certaines ressemblances)[345]: „Voilà, das wahre philosophische Prinzip, von dem die Möglichkeit bestimmter Ähnlichkeiten, und die Unmöglichkeit bestimmter anderer ausgeht ...“[346] Im „philosophischen“ oder „rationalen Prinzip“[347] kommt die Logik des Planes zum Ausdruck, durch welche die „Grenzen“[348] der Ähnlichkeiten bestimmt werden.

Die Logik des Planes bezeichnet in der inneren Ordnung des organischen Körpers eine Funktionshierarchie, welche die für die Existenz des Organismus notwendigen funktionalen Zusammenhänge und damit die Kombinationsmöglichkeiten zwischen den Organen in den jeweiligen Organisationstypen regelt. In diesem Regelsystem der organischen Körper lassen sich die Organe dadurch unterscheiden, daß sie mehr oder weniger regelnde

---

[341] Cuvier, ‘Éloge historique de Michel Adanson, lu le 5 janvier 1807’, 1819, 280.

[342] Cuvier, *Règne animal,* 1817, Bd. I, 57. Vgl. Ibid. (Bd. II, 4) und *Histoire naturelle des poissons* (1828, Bd. I, 563). Cuvier verwendet synonym die Ausdrücke „gemeinsamer Plan“ (plan commun; *Leçons d'anatomie*, 1805, Bd. I, 113) und „einheitlicher Plan“ (plan unique; *Tableau élémentaire*, 1798, 86).

[343] Cuvier, ‘Considérations sur les Mollusques ...’, 1830, 249.

[344] Aus der Übereinstimmung und Korrelation der Teile im organischen Körper leitet Cuvier sein „Prinzip ... der Korrelation der Formen in organisierten Wesen“ ab, „mithilfe dessen jede Art von Seiendem auf strenge Weise durch ein Fragment von jedem seiner Teile wiedererkannt werden kann“.(Cuvier, *Discours préliminaire*, 1812, 58). Vgl. Ibid., 4 und 65. Vgl. auch Cuvier, ‘Mémoire sur le squelette presque entier d'un petit quadrupède du genre des Sarigues ...’, 1804, 285.

[345] Cuvier, ‘Considérations sur les Mollusques ...’, 1830, 249.

[346] Ebd.

[347] Ebd.

[348] Ebd.

Einflüsse auf die Gesamtaktivität des Organismus ausüben: „Genauso, wie die Teile dieser Ökonomie nur ein einziges Ganzes ausbilden, gibt es darin Teile, die, da sie einen allgemeineren Einfluß ausüben, ihre Aktivität allen anderen vorgeben; im Gegensatz dazu finden sich auch solche Teile, die nur eine begrenzte und lokale Aktivität ausüben, und die das generelle System nur sehr wenig beeinflussen."[349] Je stärker ein Organ auf die Gesamtaktivität des Organismus Einfluß nimmt, desto 'wichtiger' ist es auch für seine Existenz.

Die „essentiellen Organe"[350] liegen dabei im Inneren des Organismus.[351] Sie sind unsichtbar für jede Beobachtung, die das Äußere durch einen „einfachen Blick des Auges"[352] nur „oberflächlich anzeigt"[353], es sei denn, daß die Körperhülle der Organismen transparent ist, wie es bei einigen „Seegurken"[354] der Fall ist, bei denen man „durch die ganze Anatomie des Tieres hindurchsieht"[355]. Die „zentralen Organe"[356] in der Tiefe der organisierten Körper „steuern" und „verändern" die äußerlich sichtbaren, externen Organe: „ ... die wichtigsten Organe liegen im Inneren, und ... diejenigen, welche man außen wahrnimmt, werden im Grunde von denen, die im Inneren liegen, gesteuert und verändert."[357] Der vergleichende Anatom hat daher die Aufgabe, ein „inneres Wissen" (connaissance intérieure)[358] zu erlangen: „Von nun an werden die klassischen Charaktere nicht mehr nur aufgrund der Figur der äußeren Teile bestimmt, sondern durch eine vertiefte und vergleichende Erkenntnis der wichtigsten inneren Organe ..."[359] Das Wissen des Anatoms

---

349 Cuvier, *Tableau élémentaire*, 1798, 16.

350 Cuvier, 'Mémoire sur la structure interne et externe ...', 1795, 395.

351 Vgl. Cuvier, 'Animal', 1816, 167: „Die Teile, die sich am häufigsten verändern, sind diejenigen, die am wenigsten Einfluß auf das Ensemble haben, und die am meisten nach außen hin gelegen sind."

352 Cuvier, 'Mémoire sur une nouvelle division des Mammifères ...', 1795, 164. Vgl. Cuvier, 'Anatomie', 1816, 108.

353 Cuvier, 'Mémoire sur la structure interne et externe ...', 1795, 387.

354 Cuvier, *Règne animal*, 1817, Bd. II, 496.

355 Ebd.

356 Cuvier, 'Mémoire sur la structure interne et externe ...', 1795, 390.

357 Cuvier, *Leçons d'anatomie*, 1805, Bd. III, Brief an Herrn de la Cépède, XXI.

358 Ibid., XX.

359 Cuvier, 'De la zoologie', 1816, Bd. I, LI. Cuvier versuchte bereits in dem Artikel 'Mémoire sur une nouvelle division des Mammifères ...' (1795) aus der

ist damit in zweifacher Weise innerlich, indem es sowohl ein Wissen um die Struktur der inneren Organe, als auch ein Wissen um die in den inneren Organen liegende regulative Kraft derselben ist.

Wenn der Anatom nicht von einem allgemeinen Plan als dem „wahren Kriterium" (vrai critérium)[360] seiner Untersuchung ausgeht, stellt er nur „oberflächliche Ähnlichkeiten" (ressemblence légère)[361] fest. Derartige oberflächliche Ähnlichkeiten stützen sich auf „Verschiedenheiten der Formen, die nur aus der Figur" stammen.[362]

Die „natürliche Abgrenzung" (coupure naturelle)[363] der Lebewesen in Organisationstypen muß damit auf dem „rationalen Prinzip" der vergleichenden Anatomie beruhen. Durch ihr „rationales Prinzip" wird die Anatomie wiederum für Cuvier zu einer „exakten Wissenschaft": „ ... wenn man ein exaktes Wissen um alle Kombinationen der verschiedenen Ordnungen [der Organe] hätte, und wenn jede dem Platz zugeordnet worden wäre, der ihr durch die Organe, die sie konstituieren, zukommt, hätte man auch eine wahrhafte *Repräsentation* aller Systeme organischer Wesen. Alle ihre Beziehungen und ihre Eigenschaften ließen sich auf allgemeine Annahmen zurückführen; die intime Natur eines jeden von ihnen ließe sich klar zeigen: in einem Wort, die Naturgeschichte wäre eine exakte Wissenschaft."[364] Als eine „Wissenschaft der Organisation"[365] des

---

Funktionshierarchie der Organe einen taxonomisch allgemein verbindlichen Schlüssel zu erstellen, in dem die einzelnen Ränge von der Stärke des regelnden Einfluß der Organe auf die Gesamtaktivität des Organismus abgeleitet werden. Es gelang ihm jedoch erst 1812, und hier nur für die höheren Taxa, einen derartigen Schlüssel mithilfe des Nervensystems aufzustellen: „Das Nervensystem ist in jeder [Organisations-]Form dieselbe; weiterhin liegt es jedem Tier zugrunde. Die anderen Systeme sind nur dazu da, ihm zu dienen oder es zu erhalten. Es ist deshalb nicht erstaunlich, daß sich alle [anderen Systeme] nach ihm [dem Nervensystem] richten." (Cuvier, 'Sur un nouveau rapprochement à établir entre les classes ...', 1812, 76-77) Daudin (1926-27, 55-61), Cain (1957-58, 204) und Outram (1986, 358) nehmen kritisch zu Cuviers Taxonomie Stellung. Vgl. auch Figlio (1976, 23-24) und Coleman (1964, 87-89).

360 Cuvier, 'Considérations sur les Mollusques ...', 1830, 251.

361 Ibid., 248.

362 Cuvier, 'Prospectus', 1827, 15.

363 Cuvier, *Mémoire sur une nouvelle division des Mammifères* ..., 1795, 164. Vgl. auch Cuvier, 'Mémoire sur la structure interne et externe ...', 1795, 386.

364 Cuvier, 'Éloge historique de Michel Adanson, lu le 5 janvier 1807', 1819, 279-280.

Lebendigen unterscheidet sie sich jedoch grundlegend von den anderen exakten Naturwissenschaften. Denn Physiker und Chemiker untersuchen „nur die Erscheinungen, deren Bedingungen derart regelbar sind, daß man durch eine Analyse zu allgemeinen Gesetzen gelangt."[366] In der vergleichenden Anatomie ist es jedoch das von uns in seinen Bedingungen unabhängige Vorhandensein organischer Körper, das den Beobachter veranlaßt, über sie nachzudenken: „ ... die Erscheinungen [organischer Körper] treten unter Bedingungen auf, die nicht von demjenigen abhängen, der sie erforscht und versucht, in ihrer Komplexität allgemeine und bereits bekannte Gesetze zu entdecken. Es ist ihm nicht möglich, sie nacheinander verschiedenen Bedingungen zu unterwerfen, und das Problem auf seine Elemente zu reduzieren, wie es derjenige tut, der Experimente anstellt (comme le fait l'expérimentateur). Es ist jedoch notwendig, daß er die Gesamtheit (tout entier) [der Erscheinungen organischer Körper] zugleich mit allen ihren Bedingungen berücksichtigt, und sie *allein* in seinen Gedanken analysiert."[367] Die verschiedenen Erscheinungen organischer Körper werden damit zu „Erfahrungsarten (espèces d'expérience), die bereits ganz durch die Natur bereitgestellt worden sind. Sie fügt zu jedem [dieser Erfahrungen] verschiedene Teile hinzu oder trennt sie ab, und zwar genau so, wie wir es uns in unseren Laboratorien wünschen würden. Und sie zeigt uns von selbst die Ergebnisse derartiger Zusammenschlüsse und Abtrennungen."[368]

Die Bedingungen der Möglichkeit einer „wahren" Analogie zwischen organischen Körpern beruht damit auf einem allgemeinen Plan, dessen rationales Prinzip die Harmonie ihrer umfassenden Organisation festlegt. Die Totalität der Existenzbedingungen eines Organisationstyps kann sich dabei dem Anatomen nur in den „physischen Effekten ihrer tierischen Ökonomie" (les effets physiques de l'économie animale)[369] zeigen, die uns durch ihre Erscheinungen, unabhängig von uns, übermittelt werden: „ ... alle physischen Effekte der tierischen Ökonomie resultieren aus der Bewegung, der

---

[365] Cuvier, *Discours préliminaire*, 1812, 116.
[366] Cuvier, *Règne animal*, 1817, Bd. I, 5.
[367] Ibid., 5. Meine Hervorhebung.
[368] Ibid., 7.
[369] Cuvier, 'Animal', 1816, 164.

Vermischung und Trennung ... [verschiedener] Flüssigkeiten und ... gasförmiger Substanzen ...“[370] Die „Natur selbst“[371] wird zum Führer, um die Wesen „gemäß der Ordnung, die sie ihnen offenkundig in ihren Strukturen zugewiesen hat“[372], im verworrenen Labyrinth der Formen des Lebendigen auffinden zu können. Die Organisation des Lebendigen stellt deshalb nicht mehr eine Analogie *für* etwas anderes dar, sondern repräsentiert *selbst* die Struktur eines empirischen Dinges. Die Bedingungen des Lebens dieses empirischen Dinges versuchte Cuvier in seiner Methode darzustellen: „Voilà, ... die allgemeine Idee des Lebens, ... welches ohne Unterbrechung bis zum Moment des Todes existieren muß.“[373]

Cuvier setzt damit in seiner Methode der vergleichenden Anatomie das geschlossene System der Organe lebendiger Körper in Beziehung zu ihren äußeren Existenzbedingungen und versucht, sie dadurch innerhalb eine Wissenschaft der Organisation zu erklären. Dabei überträgt er den Strukturkern des monadischen Körpers auf die Organisation des *Être total*. Der monadische Körper und das *Être total* spiegeln die Welt in ihrem Inneren, und die Welt spiegelt ihr Inneres. Beide sind Einheiten, die in sich eine Vielheit ausdrücken, und deren Einheit sich in Differenz entwickelt. Das regelnde Zentrum ihres Körpers repräsentiert wiederum eine Einheit, und zwar in der Beziehung des aktiven Prinzips oder der Seele zu ihrem monadischen Körper und des allgemeinen Plans zum *Être total*. Sie sind damit sowohl Einheiten, die eine Vielheit ausdrücken, als auch Einheiten, die in sich eine Einheit enthalten. Diese in sich verdoppelten Einheiten treten wiederum über ihre Organe zu ihrer Welt in Beziehung.

Für Leibniz ging die Annahme eines monadischen Körpers aus der Notwendigkeit hervor, daß sich die selbst entfaltende individuelle Monade zu einer Welt, und damit zu ihrer einzigartigen Welt in Beziehung setzen muß, da sie sich von allen anderen Monaden nur dadurch unterscheiden kann. Die Abstimmung der Erscheinungen der in dieser einzigartigen Welt vorgestellten anderen Monaden, die als individuelle Monaden in ihrer eigenen, einzigartigen Welt sind, wurde dabei durch eine prästabilierte Harmonie, die

---

370 Ebd.
371 Cuvier, ‘Prospectus’, 1816, XII.
372 Ebd.
373 Cuvier, *Leçons d'anatomie*, 1805, Bd. I, 3.

von Gott einmalig geschaffen worden ist, gewährleistet. In der vergleichenden Anatomie als Naturwissenschaft muß jedoch das *Être total* mit allen anderen *Êtres totals* in der *einen* Welt der positiven Fakten sein, durch die jedes *Être total* kausal durch seine Existenzbedingungen, als der Abstimmung seiner inneren Ordnung auf die umgebenden Körper, erklärt werden kann. Damit werden die *Êtres totals* in Cuviers vergleichender Anatomie gerade das, was sie in Leibniz' Monadenlehre als vorgestellte Körper in der einzigartigen Welt der *einen* individuellen Monade nicht sein können, nämlich organisiert*e* Körper, deren Abstimmung aufeinander durch die Existenzbedingungen der einen Welt der positiven Fakten bestimmt wird.

In der einen Welt der positiven Fakten erscheint das *Être total* als ein Körper, der sowohl lebendig als auch sterblich ist. Das Leben muß sich selbst zerstören und den Tod immer schon in sich tragen, weil es für den Naturwissenschaftler, der es untersucht, nur das sein kann, als was es *erscheint*. Und als erscheinendes Leben kann es nur existieren innerhalb des Erfahrbaren, dessen radikale Endlichkeit zugleich die Vergänglichkeit des Lebens notwendig macht. Damit kann Cuvier auf der Ebene der Erscheinungen, der positiven Fakten, nicht wiederum zugleich das denken, was die Voraussetzung des Lebens selbst ist, nämlich die sich selbst erhaltende Organisation der organischen Körper. Für Foucault entspricht deshalb die „Ontologie der Vernichtung der Lebewesen" einer „Kritik der [naturwissenschaftlichen] Erkenntnis" an der Idee des Lebens.[374]

Diese „Ontologie" der Naturwissenschaft des Lebens ist für Foucault „wild", weil in ihr das lebendige Wesen und das nicht-lebendige Wesen untrennbar von *allen* lebendigen Wesen sind.[375] Die 'Wildheit' dieser Ontologie wird jedoch erst dann deutlich, wenn man den Organisationsbegriff des monadischen Strukturkerns als *Erscheinung* auf den empirischen Begriff des 'Lebewesens' in der vergleichenden Anatomie Cuviers überträgt, und zwar nicht zur Veranschaulichung eines in sich an sich differenzierten metaphysischen Grundes aller Erscheinungen, sondern zur Erklärung der Erscheinung selbst. Die „wilde Ontologie" ist damit eine Ontologie, die paradoxal zu sein scheint, und die doch von Cuvier in der „dunklen Idee des Lebens" gedacht wird, weil er aufgrund von bestimmten „Zusammenhängen"

[374] Foucault, 1966, 291.
[375] Vgl. ebd.

der Erscheinungen „fühlt“, daß ein „Band“ zwischen ihnen existieren muß. Das Subjekt der transzendentalen Apperzeption, das sich genötigt fühlt, bestimmte Erscheinungen als Naturzwecke zu denken, Naturzwecke jedoch nicht *als* Erscheinungen erklären kann, sie aber doch in ein einheitliches System von Begriffen einordnen muß, um sie zu verstehen und sie dafür regulativ erörtert, tritt in der vergleichenden Anatomie und sich herausbildenden Biologie als ein Naturwissenschaftler auf, der den individuellen monadischen Körper mit einem empirischen Ding gleichsetzt und durch diese Übertragung versucht, den Begriff der Organisation des Lebendigen über seine realen Existenzbedingungen kausal herzuleiten.

Aus den Bedingungen der Möglichkeit, einen einheitlichen Grund der Welt der Erscheinungen in der Totalität der Organisation des monadischen Körpers logisch unter Voraussetzung einer prästabilierten Harmonie denken zu können, sind damit über die transzendentale Wende Kants, die den Erkenntnisbegriff der Naturwissenschaften definiert, Naturzwecke jedoch grundsätzlich nicht als Erscheinung erklären kann, die realen Existenzbedingungen eines empirischen Dinges geworden, dessen Leben jedoch den Strukturkern des monadischen Körpers voraussetzt. Aus der denknotwendigen Einheit des monadischen Körpers mit seiner einzigartigen Welt, die nur in der in sich an sich differenzierenten Organisation von Seele *und* Körper möglich ist, wird in Cuviers vergleichender Anatomie zugleich eine Organisation, die sich im Tod vom Körper ‘trennt’, die jedoch zugleich auf eine ‘präformierte’ Weise, die aus den positiven Fakten der Welt kausal hervorgehen muß, auf andere Körper übergehen kann.

Diese Organisation muß sich dabei für Cuvier als diskontinuierlicher Typus auf Klassen von organischen Körpern übertragen lassen (und nicht als individuelle Organisation auf nur einen einzigen organischen Körper), da für ihn die Welt, als „Erde“, sowohl die *eine* Welt der positiven Fakten als auch eine *individuelle* und damit organische Welt ist. Die Welt muß individuell und organisch sein, da in ihr alle *Êtres totals* zugleich existieren müssen: „Jedes organisierte Seiende hat, in Übereinstimmung, alles das, was ihm nötig ist, um sich zu erhalten ... Jedes Seiende ist für sich gemacht und hat in sich alles das, was es vervollständigt ... und das, was für ... [jede] Pflanze, für ... [jedes] Tier wahr ist, [das ist auch] ... nicht weniger wahr für die große Welt, die Erde, und alles das, was sie bewohnt: die Seienden, welche sie zusammensetzen und sie bewohnen, in ihr zusammenwirken, um ihren

Zustand zu erhalten: sie sind sich gegenseitig und für das Ganze notwendig ... Die Welt ist wie ein Individuum ...“[376] Für Leibniz konnte die Welt kein individueller Organismus sein, da sie nicht wiederum selbst andere Welten ‘perzipieren’ kann. Die Monade mußte sich zwar in sich verdoppeln, um in der Welt als individueller Körper zu sein, und dieser Körper muß sich wiederum über seine Organe zu der ihn umgebenden Welt in Beziehung setzen, aber die Welt kann sich nicht wiederum in sich selbst verdoppeln. Die entfaltete Welt ist nur eine dargestellte Welt, eine Welt der Erscheinungen, die nur mechanisch aufeinander wirken und selbst keine individuellen Monaden in der Welt der einen individuellen Monade sein können. Jede individuelle Monade muß sich damit ihre einzigartige Welt kausaler Verhältnisse, die auf ihren Körper abgestimmt sind, vorstellen. In der einzigartigen Welt kann es daher keine weiteren individuellen Monaden geben, auf die sie auch abgestimmt sein müßte. Für Cuvier müssen aber zugleich *alle* individuellen *Êtres totals* in *einer* Welt sein. *Seine* Welt muß daher individuell und organisch sein. In dieser individuellen Welt muß es für Cuvier „Klassen“ geben: „ ... man kann sich die aktuelle Welt nicht ohne eine oder mehrere *Klassen* von Seienden vorstellen, die sie bewohnen, *genauso* wie der Körper des Menschen nicht ohne eines oder mehrere seiner Organsysteme bestehen kann.“[377] Die „Klassen“ der Seienden sind damit die Organe der Welt. Sie müssen nicht nur eine bestimmte Funktion besitzen, sondern auch eine gewisse Struktur und damit Teile aufweisen. Die Teile der Organe der Welt können nur die einzelnen Seienden sein, aus deren Wechselwirken die individuelle Welt hervorgeht. Dies sind die organisierten Körper. Die „Klassen“ der Seienden sind damit die Organisationstypen der vergleichenden Anatomie, die den Typus der individuellen *Être totals* von einem allgemeinen Plan ableitet. Die individuellen *Êtres totals* müssen wiederum die allgemeinen Eigenschaften ihres Typus aufweisen, weil es die Organe der Welt geben muß. Es muß die Organe der Welt geben, weil alle individuellen *Êtres totals* für die vergleichende Anatomie als Naturwissenschaft in der einen Welt der positiven Fakten sein müssen. Da kein Organ ein anderes ersetzen kann, muß die Natur von einem auf den anderen Organisationstyp ‘springen’ ... *da capo al fine*.

---

[376] Cuvier, ‘Nature’, 1825, 265.
[377] Ebd. Meine Hervorhebungen.

6. Schlußbetrachtung

Das *Être total* in Cuviers vergleichender Anatomie resultiert aus dem Prinzip seiner inneren Ordnung, sich selbst zu erhalten und wieder herzustellen. Die Träger dieses Prozesses sind die Organe seines Körpers, deren Strukturen in Form von verschiedenen Gewebetypen und Flüssigkeiten ihrer Funktion entsprechen. Die Organe wirken durch ihre Aktivität auf andere Organe ein und erhalten dadurch zugleich die innere Ordnung des ganzen Körpers. Das geschlossene System eines organischen Körpers beruht damit auf einer zweifachen Ordnung, nämlich auf der Aktivität seiner einzelnen Organe und der Gesamtaktivität des Körpers. Die zweifache Ordnung des geschlossenen Systems wird zur inneren Organisation des Lebendigen. Die Voraussetzungen, den Zirkel der Kompositions- und Dekompositionsprozesse der einzelnen Organe kontinuierlich fortzusetzen, sind nur dann gegeben, wenn sie sich an ihren äußeren Existenzbedingungen vervollständigen können. Die Ordnung, die den Stoffkreisläufen zugrundeliegt, spiegelt dabei die äußeren Bedingungen der Existenz des *Être total* auf eine Weise wieder, die der inneren Organisation seines Körpers entspricht. Der Einheit des *Être total* steht damit eine Vielzahl innerer und äußerer Beziehungen gegenüber, die in ihrer Totalität seine Existenz ermöglichen.

Der Einheit des *Être total* entspricht die Struktur der Leibnizschen Monade, deren einfache Substanz sich durch ein inneres Prinzip über die Totalität ihrer Bedingungen dynamisch in ihren Perzeptionen an ihren Bestimmungen, den vorgestellten Körpern, entfaltet. Um von allen anderen Monaden unterscheidbar zu sein, muß sie sich als individuelle Monade ihre einzigartige Welt vorstellen, zu der sie selbst als Körper in Beziehung tritt. Dazu muß sie sich in sich selbst verdoppeln, indem sie die Welt in ihrem

Körper verfaltet und die Welt selbst zu ihrem entfalteten Körper wird. Die Abstimmung der Erscheinungen der vorgestellten Monaden in der einzigartigen Welt der einen, individuellen Monade wird dabei durch eine prästabilierte Harmonie gewährleistet, die von Gott einmalig geschaffen worden ist. Die sich ihren Körper vorstellende Seele, als Analogon zum inneren Prinzip, wird dabei zur Zweckursache der dargestellten Erscheinungen, die nur mechanisch aufeinander wirken können. Dies Verhältnis wiederholt sich auf der Ebene des monadischen Körpers und seiner Welt. Die Struktur der Organisation des monadischen Körpers läßt sich am Körper von Pflanzen und Tieren, als lebendigen Organismen, veranschaulichen. Die lebendigen Organismen müssen jedoch selbst wiederum, als Erscheinungen, auf mechanische Verhältnisse zurückgeführt werden.

In Kants transzendentalphilosophischer Wende können die Erscheinungen nicht mehr auf einen in sich an sich differenzierten metaphysischen Grund der Welt beruhen, sondern müssen in Beziehung zum sie wahrnehmenden Subjekt gesetzt werden. Das Subjekt der transzendentalen Apperzeption wird selbst zum Ausgangspunkt der Bedingungen der Möglichkeit der Erscheinungen, die es kategorial über seine Verstandesbegriffe bestimmt. Dabei wird der kausale Zusammenhang der Erscheinungen formal über ein transzendentales Schema der bestimmenden Urteilskraft festgelegt. Eine kausale Erklärung der Erscheinungen ist objektiv gültig, weil sie sich nach den formalen Anforderungen des Verstandes richtet. Der formale Erkenntnisanspruch des Subjekts ist durch die von den Sinnen gelieferten Data beschränkt. Es muß jedoch ein transzendentales Objekt als das Korrelat der Erscheinung logisch voraussetzen, ohne es empirisch als Ding erklären zu können.

Dem formalen Erkenntnisanspruch des Subjekts muß ein Zusammenhang seiner Erkenntnisse in einem einheitlichen System von Begriffen entsprechen, da dies eine regulative Forderung der Vernunft ist, die sich von der Einheit des Subjekts der transzendentalen Apperzeption ableitet. Die Vermittlung zwischen formaler Erkenntnisfähigkeit und konkret Wahrgenommenem übernimmt die Urteilskraft. Sie bestimmt zum einen durch ein transzendentales Schema die zeitliche Abfolge von Ursache und Wirkung im Prinzip der Kausalität, durch das die Verhältnisse unter den Erscheinungen erklärt werden können, und setzt zum anderen als reflektierende Urteilskraft im

Prinzip der Zweckmäßigkeit eine Vergleichbarkeit der Erscheinungen, die dem systematischen Anspruch der Vernunft entspricht, transzendental voraus. Die Erscheinungen organischer Körper in der Ernährung, dem Wachstum und der Fortpflanzung stellen die reflektierende Urteilskraft vor das Problem, ihnen einen angemessenen Begriff zuweisen zu können. Die sich in der Zeit gleichbleibende, ordnende Aktivität ihrer Organe, die eine Wirkung auf andere Organe hat, und ihrerseits durch ihre Beziehung zur gesamten Ordnung der Scheidungs- und Bildungsprozesse im Körper bestimmt wird, kann nur als eine absolute Einheit in der Vorstellung beurteilt werden. Die absolute Einheit des organischen Körpers, die sich in die Einheit der Organe und die einheitliche Aktivität ihres Körpers gliedert, repräsentiert damit die Organisation ihrer inneren Ordnung als einen Naturzweck, der sich selbst in seiner Zweckmäßigkeit erhält. Als Erscheinung kann das wahrnehmende Subjekt einen derartigen Zusammenhang nicht erklären, da es in ihm immer schon etwas voraussetzen muß, was selbst nicht erscheinen kann. Da der Zusammenhang jedoch in ein einheitliches System definierter Begriffe eingeordnet werden muß, um verstanden zu werden, und ein derartiges Verstehen eine Forderumg der Vernunft ist, muß ihn das Subjekt regulativ erörtern, ohne ihn kausal herleiten zu können. Die einzig angemessene, wenn auch entfernte Analogie, durch die der organische Körper als organisiertes und sich selbst organisierendes Wesen vorgestellt werden kann, besteht in der Einheit des sich selbst als Zweck setzenden, praktischen Vernunftvermögens des Subjekts der transzendentalen Apperzeption.

Die methodische Grundlage einer Nautrwissenschaft zu entwickeln, die versucht, die innere Ordnung organischer Körper durch ihre äußeren Existenzbedingungen zu erklären, ist die Aufgabe der vergleichenden Anatomie Cuviers. Eine derartige Naturwissenschaft muß sich für Cuvier nach dem Erkenntnisbegriff, den Kant in seiner Transzendentalphilosophie bestimmt hatte, richten. Die Erscheinungen, die durch die vergleichende Anatmoie kausal erklärt werden sollen, sind für Cuvier jedoch nicht mehr die Erscheinungen eines transzendentalen Objekts, sondern die positiven Fakten eines empirischen Dinges. Die Ähnlichkeiten zwischen den organischen Körpern müssen sich aus dem allgemeinen Plan der Funktionshierarchie ihres Organisationstypus ableiten lassen, um zu systematisch bedingten und nicht nur oberflächlich sichtbaren Ähnlichkeiten zu werden.

In Cuviers Methode der vergleichenden Anatomie wird damit der organische Körper als ein empirisches Ding und zugleich als ein geschlossenes System von Kompositions- und Dekompositionsprozessen bestimmt, das der inneren Vollkommenheit des Kantischen Naturzweckbegriffs entspricht, in dem alle Teile Zwecke und zugleich auch Mittel repräsentieren. Kant konnte einen derartigen Naturzweck nur transzendental durch einen regulativen Begriff erörtern, nicht jedoch kausal erklären. Cuvier setzt die Einheit dieses geschlossenen Systems in Beziehung zu ihrer Umgebung und entwickelt dabei auf den Ebenen des Körpers und der Welt den monadischen Strukturkern. Die Abstimmung des Körpers mit der Welt, ihre geschaffene oder 'prästabilierte' Harmonie, muß Cuvier innerhalb einer Wissenschaft der Organisation erklären können. Der in sich an sich differenzierten Einheit der Monade entspricht die in sich abgeschlossene Vollkommenheit des *Être total*, das sich an seinen äußeren Existenzbedingungen über die Totalität seiner inneren Organisation in der Aktivität seiner Organe verwirklicht. Sowohl im *Être total* als auch im monadischen Körper müssen ihre organischen Prozesse auf die Welt abgestimmt sein, und ihre umgebende Welt auf ihre Organe. Die Totalität des *Être total* muß dabei während der Analyse seiner positiven Fakten immer schon vorausgesetzt werden, um das Tableau seiner inneren Ordnung erstellen zu können. Als exakte Naturwissenschaft kann die vergleichende Anatomie die Totalität des *Être total* jedoch nur durch die positiven Fakten des organischen Materials kausal erklären.

In der vorliegenden Untersuchung war es zunächst notwendig gewesen, die konzeptuellen Grenzen der Leibnizschen Monadologie und der Kantischen Transzendentalphilosophie festzulegen, innerhalb derer der Begriff der Organisation bestimmt werden kann. In der Leibnizschen Philosophie wird der Begriff der Organisation selbst als metaphysischer Grund der Welt entwickelt, und zwar als in sich an sich differenzierte Totalität der Einheit des monadischen Körpers. Dieser metaphysische Grund kann an lebendigen Organismen in Analogie nur veranschaulicht werden. Kant verschiebt Leibniz' Ansatz, alle Erscheinungen aus einem einheitlichen metaphysischen Grund zu erklären, auf das Problem der Erkenntnisfähigkeit des transzendentalen Subjekts, das den immer schon vorausgesetzten Ordnungszusammenhang organischer Körper beurteilen muß. Dieser Ordnungszusammenhang veranlaßt das Subjekt, organische Körper in Reflexion auf sich selbst so denken zu müssen, als ob ihre innere Ordnung in „entfernter“ Analogie zu seinem praktischen Vernunftvermögen stehe. Als absolute, organisierte und sich selbst organisierende Einheiten in der Vorstellung des sie beurteilenden Subjekts grenzen sich organische Körper von allen nicht-organischen Körpern ab.

In der Cuvierschen Konzeption der vergleichenden Anatomie als Naturwissenschaft kann die innere Ordnung des *Être total* jedoch nicht aus einem metaphysischen, in sich an sich differenzierten einheitlichen Grund hervorgehen, noch als eine Analogie des transzendentalen Subjekts für organische Körper ausgewiesen werden, da sie das *Être total* sowohl als organisierte Einheit als auch als ein empirisches Ding kausal erklären muß. Der vergleichende Anatom ist damit in der Konstituierungsphase der Biologie um 1800 gezwungen, etwas kausal zu erklären, was selbst nicht erscheinen, sondern nur von Leibniz monadisch oder von Kant als eine transzendentale Analogie gedacht werden konnte, nämlich die Organisation des Lebendigen.

Aus dieser Problemstellung resultiert die „wilde Ontologie“ des vergänglichen Lebens, in der die vergleichende Anatomie immer zugleich auf der einen Seite das voraussetzen muß, was sie auf der anderen Seite setzt. Ihre Logik fordert, daß der individuelle Organismus als empirisches Ding zusammen mit allen anderen individuellen Organismen in der einen Welt der positiven Fakten existiert, die damit zugleich die Welt der lebendigen und der nicht-lebendigen Körper ist. Es ist die individuelle Welt der positiven Fakten, in der es lebendige Organismen überhaupt nur geben kann, und in der sie als erscheinende Dinge sterben müssen, obwohl sie in der anderen, der individuellen Welt, die doch zugleich die eine Welt der positiven Fakten sein muß, als Organisationstypen fortbestehen.

Nachdem auf die Logik in der „wilden Ontolgie“ der vergleichenden Anatomie Cuviers hingewiesen worden ist, sollte der Rahmen dieser Untersuchung auf einen Ausblick erweitert werden. Es bietet sich zunächst an, zu untersuchen, wie sich die Logik der „wilden Ontologie“ selbst innerhalb der weiteren Geschichte der Biologie entwickelt hat. Hier ließe sich eine gewagte These formulieren: Vielleicht könnte sich aus der Logik der „wilden Ontologie“ eine Geschichte der Biologie entwickeln lassen, die ihr schwanken zwischen ‘mechanistischen’, ‘reduktionistischen’ und ‘vitalistisch-holistischen’ Ansätzen erklärt, und die sich in der Vereinigung dieser Ansätze in neuen, übergreifenden, evolutiven, ökologischen und autopoietischen Einheitskonzepten wiederholt. Es könnte des weiteren danach gefragt werden, auf welche Weise sich die Logik der „wilden Ontologie", das Erscheinen eines individuellen Konzepts in der einen Welt aller, auf andere Bereiche des Wissens, etwa denjenigen der Bestimmung der Rolle des Menschen in der Gesellschaft, übertragen läßt.

7. Literaturverzeichnis

1. Abkürzungen

A.A.: *Kant's gesammelte Schriften* (Akademie-Ausgabe), hrsg. von der Königlich Preußischen Akademie der Wissenschaften, Berlin/ Leipzig, Georg Reimer, 1902ff.

GP: *Die philosophischen Schriften von Gottfried Wilhelm Leibniz*, hrsg. von C. J. Gerhardt, Hildesheim/ New York, Olms, (1. Aufl., 1875-1890) Reprint, 1978, 7 Bde.

KrV: Kritik der reinen Vernunft, *Kant-Studienausgabe*, hrsg. von Wilhelm Weischedel, Darmstadt, Wissenschaftliche Buchgesellschaft, (1. Aufl., 1956) 5. Aufl., 1983, Bd. III und Bd. IV.

KU: Kritik der Urteilskraft, *Kant-Studienausgabe*, hrsg. von Wilhelm Weischedel, Darmstadt, Wissenschaftliche Buchgesellschaft, (1. Aufl., 1956) 5. Aufl., 1983, Bd. VIII.

Monadologie: Les principes de la philosophie ou Monadologie, *Philosophische Schriften*, hrsg. und übersetzt von Hans Heinz Holz, Darmstadt, Wissenschaftliche Buchgesellschaft, 1992, Bd. I, 438-483.

Principes de la nature ...: Principes de la nature et de la grâce, fondées en raison, *Philosophische Schriften*, hrsg. und übersetzt von Hans Heinz Holz, Darmstadt, Wissenschaftliche Buchgesellschaft, 1992, Bd. I, 414-438.

PS: *Philosophische Schriften*, Darmstadt, Wissenschaftliche Buchgesellschaft, 1959-92, 7 Bde.

Theodicée: Essais de theodicée sur la bonté de Dieu, la liberté de l'Homme et l'origine du mal, *Philosophische Schriften*, hrsg. und übersetzt von Herbert Herring, Darmstadt, Wissenschaftliche Buchgesellschaft, 1985, Bd. II/1 und II/2.

2. Literatur

Adickes, Erich: *Kant als Naturforscher*, Berlin, de Gruyter, 1925, Bd. II.

Appel, Toby A.: *The Cuvier-Geoffroy Debate - French Biology in the Decades Before Darwin*, New York/ Oxford, Oxford University Press, 1987.

Aquila, Richard E.: Unity of Organism, Unity of Thought, and the Unity of the „Critique of Judgment", *The Southern Journal of Philosophy*, Bd. 30 (1991), 139-155.

Ariew, Roger & Garber, Daniel: *G. W. Leibniz - Philosophical Essays,* Indianapolis/ Cambridge, Hackett Publishing Company, 1989.

Azouvi, François & Bourel, Dominique: *De Koenigsberg à Paris - La reception de Kant en France (1788-1804)*, Paris, Vrin, 1991.

Balan, Bernard: Premières recherches sur l'origine et la formation du concept de l'économie animale, *Revue d'histoire des sciences*, Bd. 28 (1975), 289-326.

Balan, Bernard: *L'ordre et le temps - L'anatomie comparée et l'histoire des vivants au XIXe siècle*, Paris, Vrin, 1979.

Baumgartner, Hans Michael: *Kants „Kritik der reinen Vernunft"*, Freiburg/ München, Alber, (1. Aufl., 1985) 2. Aufl., 1988.

Bäumer, Änne: *Geschichte der Biologie - 17. und 18. Jahrhundert*, Frankfurt/M., Lang, 1996, Bd. III.

Bäumler, Alfred: *Kants Kritik der Urteilskraft - Ihre Geschichte und Systematik*, Halle (Saale), Niemeyer, 1923, Bd. I.

Beckner, Morton: Function and Teleology, *Journal of the History of Biology*, Bd. 2 (1969), 151-164.

Beeley, Philip: *Kontinuität und Mechanismus - Zur Philosophie des jungen Leibniz in ihrem ideengeschichtlichen Kontext*, Stuttgart, Steiner, 1996. (Studia Leibnitiana, Ergänzungsheft, Bd. 30)

Behn, W, F. G. (Hrsg.): *George Cuvier's Briefe an C. H. Pfaff aus den Jahren 1788 bis 1792, naturhistorischen, politischen und literarischen Inhalts - Nebst einer biographischen Notiz über G. Cuvier*, Kiel, Schwers'sche Buchandlung, 1845.

Belaval, Yvon: *Études leibniziennes - De Leibniz à Hegel*, Paris, Gallimard, 1976.

Belaval, Yvon: *Leibniz - Initiation à sa philosophie*, Paris, Vrin, (1. Aufl., 1952) 7. Aufl., 1993.

Boehm, A.: *Le vinculum substantiale chez Leibniz - Ses origines historiques*, Paris, Vrin, (1. Aufl., o. J.) 2. Auflage, 1969.

Bouquiaux, Laurence: *L'harmonie et le chaos - Le rationalisme leibniziens et la 'nouvelle science'*, Louvain/ Paris, Peeters, 1994.

Bourdier, Franck: Cuvier, in: *Dictionary of Scienctific Biography*, New York, Scribener's Sons, 1971, Bd. III, 521-528.

Buchdahl, Gerd: *Metaphysics and the Philosophy of Science*, Cambridge (Mass.), MIT Press, 1969.

Buchdahl, Gerd: Der Begriff der Gesetzmäßigkeit in Kants Philosophie der Naturwissenschaft, in: Heintel, Peter & Nagel, Ludwig (Hrsg.): *Zur Kantforschung der Gegenwart*, Darmstadt, Wissenschaftliche Buchgesellschaft, 1981, 90-121. (Wege der Forschung, Bd. 281)

Busche, Hubertus: Kants Deduktion des Zweckmäßigkeitsprinzips aus der reflektierenden Urteilskraft, in: Funke, Gerhard (Hrsg.): *Akten des Siebenten Internationalen Kant-Kongresses*, Bonn/ Berlin, Bouvier, 1990, Bd. II.2, 4-12.

Butts, Robert E.: Teleology and Scientific Method in Kant's Critique of Judgment, *Noûs*, Bd. 24 (1990), 1-16.

Cain, A. J.: Deductive and Inductive Methods in Post-Linnaean Taxonomy, *Proceedings of the Linnean Society of London*, Bd. 170 (1957-1958), 185-217.
Canguilhem, Georges: *La connaissance de la vie*, Paris, Vrin, 1985.
Canguilhem, Georges: *Études d'histoire et de philosophie des sciences concernant les vivants et la vie*, Paris, Vrin, 1994.
Cassirer, Ernst: *Leibniz' System in seinen wissenschaftlichen Grundlagen*, Darmstadt, Wissenschaftliche Buchgesellschaft, (1. Aufl., 1902), 1962.
Cassirer, Ernst: *Gottfried Wilhelm Leibniz - Hauptschriften zur Grundlegung der Philosophie*, Hamburg, Meiner, (1. Aufl., 1906) 3. Aufl., 1966, 2 Bde.
Cassirer, Ernst: *Kants Leben und Lehre*, Darmstadt, Wissenschaftliche Buchgesellschaft, (1. Aufl., 1918) Reprint der 2. Aufl. (1921), 1994.
Cassirer, Ernst: Kant und die moderne Biologie, Vortrag gehalten in Göteburg (1940); abgedruckt in: Orth, Wolfgang (Hrsg.): *Ernst Cassirer - Geist und Leben*, Leipzig, Reclam 1993, 61-93.
Cassirer, H. W.: *A Commentary on Kant's Critique of Judgment*, New York, Barnes & Noble, 1938.
Coleman, William: Georges Cuvier, Biological Variation and the Fixity of Species, *Archives internationales d'histoire des sciences*, Bd. 60-61 (1962), 315-331.
Coleman, William: *Georges Cuvier - Zoologist, A Study in the History of Evolution Theory,* Cambridge (Mass.), Harvard University Press, 1964.
Coleman, William: Les organismes marins et l'anatomie comparée dite expérimentale: L'œuvre de Georges Cuvier, *Vie et Milieu*, Beiheft Nr. 19 (1965), 225-237.
Coleman, William: *Biology in the Nineteenth Century - Problems of Form, Function and Transformation*, New York, Willy, 1971.
Colin, Allen & Lauder Georg & Bekoff, Marc: *Nature's Purposes - Analyses of Function and Design in Biology*, Cambridge, MIT Press, 1998.
Corsi, Pietro: *The age of Lamarck: evolutionary theory in France, 1790-1830*, Berkeley, University of California Press, 1980.
Courtès, Francis: Georges Cuvier ou l'origine de la négation, *Revue d'histoire des sciences*, Bd. 23 (1970), 9-34.
Couturat, Louis: *Opuscules et fragments inédits de Leibniz*, Paris, Alcan, 1903.
Cuvier, Georges: Des méthodes, Manuskript 3172 (Fonds Cuvier 172), Institut de France, unveröffentlicht.
Cuvier, Georges: Mémoire sur une nouvelle division des Mammifères, et sur les principes qui doivent servir de base dans cette sorte de travail, lu à la société d'Histoire naturelle, *Magasin encyclopédique*, Bd. 2 (1795), 164-190.
Cuvier, Georges: Mémoire sur la structure interne et externe, et sur les affinités des animaux auxquels on a donné le nom de vers, *La Décade philosophique, littéraire et politique*, Bd. 5 (1795), 385-396.
Cuvier, Georges: Seconde mémoire sur l'organisation et les rapports des animaux à sang blanc, dans lequel on traite de la structure des Mollusques et de leur division en ordre, *Magasin encyclopédique*, Bd. 1 (1795), 433-449.

Cuvier, Georges: *Tableau élémentaire de l'histoire naturelle des animaux*, Paris, Baudouin, 1798.

Cuvier, Georges: *Leçons d'anatomie comparée*, Paris, Baudouin, 1800-1805, 5 Bde.

Cuvier, Georges: Sur le Mégathérium - Autre animal de la famille des Paresseux, mais de la taille du Rhinocéros, dont un squelette fossile presque complet est conservé au cabinet royal d'histoire naturelle à Madrid, *Annales du Muséum national d'histoire naturelle*, Bd. 5 (1804), 376-387.

Cuvier, Georges: Mémoire sur le squelette presque entier d'un petit quadrupède du genre des Sarigues, trouvé dans la pierre à plâtre des environs de Paris, *Annales du Muséum national d'histoire naturelle*, Bd. 5 (1804), 272-192.

Cuvier, Georges: *Rapport historique sur les progrès des sciences naturelles depuis 1789, et sur leur état actuel*, Paris, Imprimerie Impériale, 1810.

Cuvier, Georges: Discours préliminaire, in: *Recherches sur les ossements fossiles de quadrupèdes, où l'on rétablit les caractères de plusieurs espèces d'animaux que les révolutions du globe paroissent avoir détruites*, Paris, Déterville, 1812, 1-116.

Cuvier, Georges: Sur un nouveau rapprochement à établir entre les classes qui composent le Règne animal, *Annales du Muséum national d'histoire naturelle*, Bd. 19 (1812), 73-84.

Cuvier, Georges: Anatomie, in: F. G. Levrault (Hrsg.): *Dictionnaire des sciences naturelles*, Paris, Levrault, 1816, 108-109.

Cuvier, Georges: Animal, in: F. G. Levrault (Hrsg.): *Dictionnaire des sciences naturelles*, Paris, Levrault, 1816, Bd. II, 158-175.

Cuvier, Georges: De la zoologie en général, in: F. G. Levrault (Hrsg.), *Dictionnaire des sciences naturelles*, Paris, Levrault, 1816, Bd. I, Einleitung, L-LII.

Cuvier, Georges: Prospectus, in: F. G. Levrault (Hrsg.): *Dictionnaire des sciences naturelles*, Paris, Levrault, 1816, Bd. I, V-XVI.

Cuvier, Georges: Mémoire sur les Céphalopodes et sur leur anatomie, in: Cuvier, Georges: *Mémoire pour servir à l'histoire et à l'anatomie des Mollusques*, Paris, Déterville, 1817, 1-54.

Cuvier, Georges: *Le Règne animal*, Paris, Déterville, 1817, 4 Bde.

Cuvier, Georges: Éloge historique de Michel Adanson, lu le 5 janvier 1807, in: F. G. Levrault (Hrsg.): *Recueil des éloges historiques*, Strasbourg, Levrault, 1819, Bd. I, 267-308.

Cuvier, Georges: Nature, in: F. G. Levrault (Hrsg.): *Dictionnaire des sciences naturelles*, Paris, Levrault, 1825, Bd. XXXIV, 261-268.

Cuvier, Georges: Éloge historique de M. René-Just Haüy, lu le 2 juin 1823, in: F. G. Levrault (Hrsg.): *Recueil des éloges historiques*, Strasburg, Levrault, 1827, Bd. III, 123-175.

Cuvier, Georges: *Prospectus*, Paris, Bertrand, 1827.

Cuvier, Georges: *Histoire naturelle des poissons*, Paris/ Strasburg, Levrault 1828-1849, 22 Bde.

Cuvier, Georges: Considérations sur les Mollusques, et en particulier sur les

Céphalopodes, *Annales des sciences naturelles*, Bd. 19 (1830), 241-259.
Cuvier und Württemberg - Zum 200. Geburtstag des Naturforschers Georges Cuvier 1769-1832, Ausstellung der Stadt Stutgart und der Städt. Sparkasse, Stuttgart, Stadt Stuttgart, 1969.
Daudin, Henri: *Cuvier et Lamarck - Les classes zoologiques et l'idée de série animale (1790-1830)*, (1. Aufl., 1926-1927) Reprint, Paris, P.U.F., 1983, 2 Bde.
Daudin, Henri: *De Linné à Lamarck - Méthodes de la classification et idée de série en botanique et en zoologie (1740-1790)*, (1. Aufl., 1926-1927) Reprint, P.U.F., 1983.
Debru, Claude: L'introduction du concept d'organisme dans la philosophie kantienne: 1790-1803, *Archives de Philosophie*, Bd. 43 (1980), 487-514.
Deleuze, Gilles: *Le pli - Leibniz et le baroque*, Paris, Éditions de Minuit, 1988.
Drews, Arthur: *Kants Naturphilosophie als Grundlage seines Systems*, Berlin, Mitscher & Röstell, 1894.
Duchesneau, François: *Les modèles du vivant de Descartes à Leibniz*, Paris, Vrin, 1998.
Düsing. Klaus: *Die Teleologie in Kants Weltbegriff*, Bonn, Bouvier, (1. Aufl., o. J.) 2. erw. Aufl., 1986. (Kantstudien, Ergänzungshefte, Bd. 96)
Dumas, Marie-Noëlle: *La pensée de la vie chez Leibniz*, Paris, Vrin, 1976.
Duvernoy, G. L.: *Notice historique sur les ouvrages et la vie de M. le Bon Cuvier*, Paris, Levrault, 1833.
Eigen, Edward A.: Overcoming First Impressions: Georges Cuvier's Types, *Journal of the History of Biology*, Bd. 30 (1997), 179-209.
Eisel, Ulrich: Warnung vor dem Leben, in: Hassenpflug, D. (Hrsg.): *Industrialismus und Ökoromantik*, Wiesbaden, D.U.V., 1991, 159-191.
Eisler, Rudolf: *Kant-Lexikon*, Hildesheim/ Zürich/ New York, Olms, (1. Aufl., 1930) 4. Aufl., 1994.
Engels, Eve-Marie: *Die Teleologie des Lebendigen*, Berlin, Duncker & Humblot, 1982. (Erfahrung und Denken, Bd. 63)
Ewers, Michael: *Philosophie des Organismus in teleologischer und dialektischer Sicht*, Münster, Lit, 1986. (Philosophie, Bd. 3)
Farber, Paul Lawrence: The Type-Concept in Zoology during the First Half of the Nineteenth Century, *Journal of the History of Biology*, Bd. 9 (1976), 93-119.
Feuerbach, Ludwig: Geschichte der neuern Philosophie - Darstellung, Entwicklung und Kritik der Leibnizschen Philosophie (1. Aufl., 1836/1837), in: Schuffenhauer, Werner: *Ludwig Feuerbach - Gesammelte Werke*, Berlin, Akademie-Verlag, 1969, Bd. III.
Fichant, Michel (Hrsg.): *Leibniz*, Paris, Éditions de Minuit, 1993.
Figlio, Karl M.: The Metaphor of Organization - An Historiographical Perspective on the Bio-Medical Sciences of the Early Nineteenth Century, *History of Science*, Bd. 14 (1976), 17-53.
Finster, Reinhard & van der Heuvel, Gerd: Gottfried Wilhelm Leibniz, Hamburg, Rowohlt, 1990.
Finster, Reinhard: *Gottfried Wilhelm Leibniz - Der Briefwechsel mit Antoine Arnauld*, Hamburg, Meiner, 1997.

Foucault, Michel: *Les mots et les choses - Une archéologie des sciences humaines*, Paris, Gallimard, 1966.
Foucault, Michel: La situation de Cuvier dans l`histoire de la biologie, *Revue d'histoire des sciences*, Bd. 23 (1970), 63-92.
Fricke, Christel: Explaining the Inexplicable - The Hypotheses ofthe Faculty of Reflective Judgment in Kant`s Third Critique, *Noûs*, Bd. 24 (1990), 45-62.
Funke, Gerhard & Seebohn, Thomas M. (Hrsg.): *Proceedings of the Sixth International Kant Congress*, Washington (D.C.), University Press of America, 1989, 2. Bde.
Gaudemar, Martine de: *La notion de nature chez Leibniz*, Stuttgart, Steiner, 1995. (Studia Leibnitiana, Sonderheft 24)
Gayon, Jean & Wunenberger, Jean-Jaques: *L'espèce sans la forme*, Paris, Harmattan, 1992.
Glass, Bentley: Explanation in Biology, *Journal of the History of Biology*, Bd. 2 (1969), 47-53.
Gohau, Gabriel: Méthode ou système chez Cuvier, *Raison présente*, Bd. 14 (o. Jg.), 45-59.
Gohau, Gabriel: Plaidoyer pour Cuvier, *Les cahiers rationalistes*, Bd. 279 (1971), 1-32.
Gohau, Gabriel & Duris, Pascal:: *Histoire des sciences de la vie*, Paris, Nathan, 1997.
Gurwitsch, Aron: *Leibniz - Philosophie des Panlogismus*, Berlin/ New York, de Gruyter, 1974.
Gutman, Matthias: *Die Evolutionstheorie und ihr Gegenstand - Beitrag der Methodischen Philosophie zu einer konstruktiven Theorie der Evolution*, Berlin, Verlag für Wissenschaft und Bildung, 1996.
Guyader, Hervé le: *Theories et histoire en biologie*, Paris, Vrin, 1988.
Guyader, Hervé le: *Geoffroy Saint-Hilaire - Un naturaliste visionnaire*, Paris, Belin, 1998.
Guyer, Paul: Reason and Reflective Judgment - Kant on the Significance of Systematicity, *Noûs*, Bd. 24 (1990), 17-43.
Heinen, Peter: *Die Vorstellung einer Selbstorganisation der Materie - Versuch einer erkenntniskritischen Wertung auf der Basis des Kantischen Teleologieverständnisses*, Aachen, 1987. (Diss.)
Heintel, Peter & Nagl, Ludwig: *Zur Kantforschung der Gegenwart*, Darmstadt, Wissenschaftliche Buchgesellschaft, 1981. (Wege der Forschung, Bd. 281)
Hempel, Carl G.: The Logic of Functional Analysis, in: *Aspects of Scientific Explanation and other Essays in the Philosophy of Science*, New York, Free Press, 1965, 297-330.
Hinske, Norbert & Weischedel, Wilhelm: *Kant-Seitenkonkordanz*, Darmstadt, Wissenschaftliche Buchgesellschaft, 1970.
Holz, Hans Heinz: *Gottfried Wilhelm Leibniz*, Frankfurt/M./ New York, Campus, 1992.
Holz, Hans Heinz: *G. W. Leibniz - Philosophische Schriften*, Frankfurt/M., Suhrkamp, 1996, 4 Bde.
Hübner, Kurt: Leib und Erfahrung in Kants Opus postumum, *Zeitschrift für Philosophische Forschung*, Bd. 7 (1953), 204-219
Jacob, François: *La logique du vivant*, Paris, Gallimards, 1970.
Jähnig, Dieter: Leibniz und die Kybernetik, *Parabel*, Bd. 1 (1984), 42-58.

Jahn, Ilse: *Grundzüge der Biologiegeschichte*, Jena, Fischer, 1990.
Jonas, Hans: Spinoza and the Theory of Organism, *Journal of the History of Philosophy*, Bd. 3 (1965), 43-57.
Jonas, Hans: *Das Prinzip Leben*, Frankfurt/M., Insel, (Erstveröffentlichung unter dem Titel: *Organismus und Freiheit - Ansätze zu einer philosophischen Biologie*, Kempten, Allgäuer Zeitungsverlag, 1973) 1994.
Kant, Immanuel: *Kant's gesammelte Schriften*, hrsg. von der Königlich Preußischen Akademie der Wissenschaften, Berlin/ Leipzig, Georg Reimer, 1902ff.-
Kant, Immanuel: *Kant-Studienausgabe*, hrsg. von Wilhelm Weischedel, Darmstadt, Wissenschaftliche Buchgesellschaft, (1. Aufl., 1956) 5. Aufl., 1983, 10. Bde.
Kant, Immanuel: *Kritik der reinen Vernunft*, hrsg. von Ingeborg Heidemann, Stuttgart, Reclam, 1985.
Kanz, Kai Torsten: *Nationalismus und internationale Zusammenarbeit in den Naturwissenschaften - Die deutsch-französischen Wissenschaftsbeziehungen zwischen Revolution und Restauration, 1789-1832*, Stuttgart, Steiner, 1997.
Kaplan, Francis: *Le paradoxe de la vie, la biologie entre Dieu et Darwin*, Paris, Découverte, 1994.
Koch, Hans Ludwig: *Materie und Organismus bei Leibniz*, Halle, Niemeyer, (1. Aufl., 1908) Reprint, 1980.
Kohlbrugge, J. H. F.: G. Cuvier und K. F. Kielmeyer, *Biologisches Centralblatt*, Bd. 32, (1912), 291-295.
Kraft, Michael: Kant`s Theory of Teleology, *International Philosophical Quarterly*, Bd. 22 (1982), 41-39.
Largeault, Jean: *Systèmes de la nature*, Paris, Vrin, 1985.
Larson, James L.: *Interpreting Nature. The Science of Living Form from Linnaeus to Kant*, Baltimore/ London, John Hopkins University Press, 1994.
Laurent, Goulven: *Paléontologie et évolution en France de Cuvier-Lamarck à Darwin*, Paris,Éditions du Comité des travaux historiques et scientifiques, 1987.
Lefèvre, Wolfgang: *Die Entstehung der biologischen Evolutionstheorie*, Frankfurt/M., Ullstein, 1984.
Lehmann, Gerhardt: *Beiträge zur Geschichte und Interpretation der Philosophie Kants*, Berlin, de Gruyter, 1969.
Leibniz, Gottfried Wilhelm: *Leibnizen`s Mathematische Schriften*, hrsg. von C. J. Gerhardt, Hildesheim/ New York, (1. Aufl., 1850-1863) Reprint, Olms, 1978, 7 Bde.
Leibniz, Gottfried Wilhelm: *Die philosophischen Schriften von Gottfried Wilhelm Leibniz*, hrsg. von C. J. Gerhardt, Hildesheim/ New York, Olms, (1. Aufl., 1875-1890) Reprint, 1978, 7 Bde.
Leibniz, Gottfried Wilhelm: *Philosophische Schriften*, Darmstadt, Wissenschaftliche Buchgesellschaft, 1959-92, 7 Bde.
Lenoir, Timothy: Generational Factors in the Origin of Romantische Naturphilosophie, *Journal of the History of Biology*, Bd. 11 (1978), 57-100.
Lenoir, Timothy: Kant, Blumenbach, and Vital Materialism in German Biology, *Isis*, Bd.

71 (1980), 77-108.
Lenoir, Timothy: *The Strategy of Life - Teleology and Mechanics in Nineteenth Century German Biology*, Dordrecht/ Boston/ London, Reidel Publishing Company, 1982.
Lepenies, Wolf: *Das Ende der Naturgeschichte - Wandel kultureller Selbstverständlichkeiten in den Wissenschaften des 18. und 19. Jahrhunderts*, München/ Wien, Hanser, 1976.
Lewontin, Richard C.: The Bases of Conflict in Biological Explanation, *Journal of the History of Biology*, Bd. 2 (1969), 35-45.
Limoges, Camille: L`économie naturelle et le principe de corrélation chez Cuvier et Darwin, *Revue des sciences*, Bd. 23 (1970), 35-48.
Loemker, Leroy E.: *G. W. Leibniz: Philosophical Papers and Letters*, Dordrecht, Kluwer Academic Publishers, (1. Aufl., 1956) Reprint der 2. Aufl. (1969), 1989.
Löw, Reinhard: *Philosophie des Lebendigen - Der Begriff des Organischen bei Kant, sein Grund und seine Aktualität*, Frankfurt/M., Suhrkamp, 1980.
Look, Brandon: The Ties that Bind - Leibniz, Tournemine and Des Bosses, *VI. internationaler Leibniz-Kongreß vom 18. bis 23. Juli 1994*, Hannover, Vorträge, 1. Teil, 443-449.
Lovejoy, Arthur O.: *The Great Chain of Being - A Study of the History of an Idea*, Cambridge (Mass.)/ London, Harvard University Press, 1936.
Mann, Gottfried: (Hrsg.): *Allgemeiner Kantindex zu Kants gesammelten Schriften*, Berlin, de Gruyter, 1969.
Marc-Wogau, Konrad: *Vier Studien zu Kants Kritik der Urteilskraft*, Upsala/ Leipzig, 1938.
Marc-Wogau, Konrad: Die Bedeutung der mechanischen und der teleologischen Verknüpfung, in: Kulenkampff, Jens (Hrsg.): *Materialen zu Kants Kritik der Urteilskraft*, Farnkfurt/M., 1974, S 328-336.
Mathieu, Vittorio: *La Filosofia transcendentale e l`Opus postumum di Kant*, Torino, 1958, übersetzt und überarbeitet von Gerd Held (Hrsg.): *Kants Opus postumum*, Frankfurt/M., Klostermann, 1989.
Mayr, Ernst: *The Growth of Biological Thought - Diversity, Evolution, and Inheritance*, Cambridge (Mass.)/ London, Harvard University Press, 1982.
McFarland, J. D.: *Kant`s Concept of Teleology*, Toronto, University of Edinburgh Press, 1970.
McLaughlin, Peter: *Kants Kritik der teleologischen Urteilskraft*, Bonn, Bouvier, 1989. (Diss.)
McLaughlin, Peter: Kants Organismusbegriff in der Kritik der Urteilskraft, in: Kanz, Kai Torsten (Hrsg.): *Philosophie des Organischen in der Goethezeit - Studien zu Werk und Wirkung des Naturforschers Carl Friedrich Kielmeyer (1765-1844)*, Stuttgart, Steiner, 1994, 100-110.
McLaughlin, Peter: *What Functions explain*, Habilitationsschrift, Universität Konstanz, Fachbereich Philosophie, 1999.
Mertens, Helga: *Kommentar zur Ersten Einleitung in Kants Kritik der Urteilskraft*,

München, Berchman, 1975. (Diss.)
Mittelstrass, Jürgen: Monade und Begriff - Leibnizens Rekonstruktion des klassischen Substanzbegriffs und der Perzeptionensatz der Monadentheorie, *Studia Leibnitiana*, Bd. 2 (1970), 171-200.
Model, Anselm: *Metaphysik und reflektierende Urteilskraft bei Kant*, Frankfurt/M., Athenäum, 1987. (Monographien zur philosophischen Forschung, Bd. 247).
Nagel, Ernst: *The Structure of Science*, New York/ Harcourt, Brace & World, 1961.
Nicholas, Jolley (Hrsg.): *The Cambridge Companion to Leibniz*, Cambridge (Mass.), Cambridge University Press, 1995.
Nicoloso, Salvatore: *Il dualismo da Cartesio a Leibniz: Cartesio, Cordemoy, La Forge, Malebranche, Leibniz*, Venedig, Marsilio, 1987.
Okruhlik, Kathleen & Brown, James Robert (Hrsg.): *The Natural Philosophy of Leibniz*, Dordrecht, Reidel, 1985.
Outram, Dorinda: Scientific biography and the case of Georges Cuvier: with a critical bibliography, *History of Science*, Bd. 14 (1976), 101-137.
Outram, Dorinda: The language of natural power: the "Eloges" of Georges Cuvier and the public language of nineteenth century science, *History of Science*, Bd. 16 (1978), 153-178.
Outram, Dorinda: *Georges Cuvier - Vocation, science and authority in post-revolutionary France*, Manchester, Manchester University Press, 1984.
Outram, Dorinda: Uncertain legislator: Cuvier`s Laws of Nature, *Journal of the History of Biology*, Bd. 19 (1986), 323-368.
Philonenko, Alexis: L`antinomie du jugement téléologique chez Kant, *Revue de Métaphysique et de Morale*, Bd. 82 (1977), 13-37.
Pichot, André: *Histoire de la notion de vie*, Paris, Gallimard, 1993.
Piveteau, Jean: Le débat entre Cuvier et Geoffroy Saint-Hilaire sur l`unité de plan et de composition, *Revue d'histoire des sciences*, Bd. 3 (1950), 343-363.
Plaass, Peter: *Kants Theorie der Naturwissenschaft - Eine Untersuchung zur Vorrede von Kants 'Metaphysischen Anfangsgründen der Naturwissenschaft'*, Göttingen, Vandenhoek & Ruprecht, 1965.
Pleines, Jürgen-Eckhardt: *Teleologie als metaphysisches Problem*, Würzburg, Königshausen & Neumann, 1995.
Rescher, Nicholas: *G. W. Leibniz's Monadology: an edition for students*, London, University of Pittsburgh Press, 1991.
Rey, Roseline: La circulation des idées scientifiques entre la France et l`Allemagne: Les cas Cuvier, *Beihefte der Francia*, Bd. 25 (1992), 197-208.
Rheinberger, Hans-Jörg & McLaughlin, Peter: Darwin und der Begriff des Organismus, *Aufsätze und Reden der Senckenbergischen. Naturforschenden Gesellschaft.*, Bd. 35 (1985), 7-22.
Rheinberger, Hans-Jörg: Aspekte des Bedeutungswandels im Begriff organismischer Ähnlichkeit vom 18. zum 19. Jahrhundert, *History and Philosophy of the Life Sciences*, Bd. 8 (1986), 237-250.

Riese, W.: Sur les théories de l'organisme dans l'opus postumum de Kant, *Revue philosophique de la France et de l'étranger*, Bd. 90 (1965), 327-333.
Roger, Jaques: *Les sciences de la vie dans la pensée française au XVIIIe siècle*, Paris, Michel, (1. Aufl., 1963) 2. Auflage, 1993
Roger, Jaques: The living world, in: Rousseau, G. S. & Porter, R. (Hrsg.): *The ferment of knowledge*, Cambridge, Cambridge University Press, 1980, 255-283.
Roger, Jaques: *Pour une histoire des sciences*, Paris, Michel, 1995.
Roretz, Karl: *Zur Analyse von Kants Philosophie des Organischen*, Wien, Holzhausen, 1922.
Rudwick, Martin J. S.: *Georges Cuvier, Fossil Bones, and Geological Catastrophes*, Chicago/ London, University of Chicago Press, 1997.
Ruf, Oskar: *Die Eins und die Einheit bei Lebniz - Eine Untersuchung zur Monadenlehre*, Meisenheim am Glan, Hain, 1973. (Monographien zur philosophischen Forschung, Bd. 77)
Ruse, Michael: Function Statements in Biology, *Philosophy of Science*, Bd. 38 (1971), 87-95.
Ruse, Michael: *Monad to Man - The concept of Progress in Evolutionary Biology*, Cambridge (Mass.)/ London, Harvard University Press, 1996.
Russell, Bertrand: *A critical Exposition of the Philosophy of Leibniz*, London, Allen & Unwin Ltd., (1. Aufl., 1900) 8. Auflage, 1975.
Russell, E. S.: *Form and Function - A Contribution to the History of Animal Morphology*, London, Murray, 1916.
Rutherford, Donald Paul: *Leibniz on the reality of body*, Michigan, University Microfilms International, 1995. (Diss.)
Schiller, Joseph: *La notion d'organisation dans l'histoire de la biologie*, Paris, Maloine, 1978.
Schneider, Martin: *Das mechanistische Denken in der Kontroverse - Descartes' Beitrag zum Geist-Maschine-Problem*, Stuttgart, Steiner, 1993.
Schrader, Geoges: The Status of Teleological Judgment in the Critical Philosophy, *Kant-Studien*, Bd. 45 (1953-54), 204-235.
Schumann, Jan: *Kants Leibnizbild in der kritischen und spätkritischen Phase*, Hamburg, 1984. (Diss.)
Sievert, Donald S.: Kant's Dialectic of Teleological Judgment, *Akten des IVten Internationalen Kant-Kongresses*, Mainz 1974, Teil 2/1, 452-460.
Simon, Josef: Teleologisches Reflektieren und kausales Bestimmen, *Zeitschrift für philosophische Forschung*, Bd. 30 (1976), 369-388.
Smith, Jean Chandler: *Georges Cuvier - An Annotated Bibliography of His Published Works*, Washington/ London, Smithsonian Institution Press, 1993.
Spaemann, Robert & Löw, Rheinhard: *Die Frage Wozu?*, München, Piper, (1. Aufl., 1981) 2. Aufl., 1985.
Staab, W.: Die Leibnizsche Monadenlehre und die moderne Wissenschaft, *Philosophia Naturalis*, Bd. 11 (1969), 360-394.

Stevens, Peter F.: Metaphors and Typology in the Development of Botanical Systematics, 1690-1960, or the Art of Putting New Wine in Old Bottles, *Taxon*, Bd. 33 (1984), 169-211.

Stevens, Peter F.: *The Development of Biological Systematics: Antoine-Laurent de Jussieu, and the Natural System*, New York, Columbia University Press, 1994.

Stevens, Peter F.: *Plants and Animals, Form and Relationships*, Harvard, Harvard University Herbaria, 1998.

Sutter, Alex: *Göttliche Maschinen - Die Automaten für Lebendiges bei Descartes, Leibniz, La Metrrie und Kant*, Frankfurt/M., Athenäum, 1988.

Taquet, Phillipe: Georges Cuvier, ses liens scientifiques européens, in: *Montbéliard sans frontières*, Colloque international de Montbéliard vom 8.-9. Oktober 1993, Montbéliard, Société d`Émulation de Montbéliard, 1993, 287-309.

Temkin, Owsei: Materialism in French and German Physiology of the Early Nineteenth Century, *Bulletin of the History of Medicine*, Bd. 20 (1946), 322-327.

Trepl, Ludwig: *Geschichte der Ökologie vom 17. Jahrhundert bis zur Gegenwart*, Frankfurt/M., Athenäum, (1. Aufl. 1987) 2. Aufl., 1994.

Trepl, Ludwig: *Die Natur als Organismus und als Gesellschaft konkurrierender Individuen*, Manuskript, Lehrstuhl für Landschaftsökologie, Technische Universität München, 1996.

Ungerer, Emil: *Die Teleologie Kants und ihre Bedeutung für die Logik der Biologie*, Berlin, Gebrüder Borntraeger, 1922.

Van de Pitte, F. P.: The Role of Teleology in Kant`s Work, in: Werkmeister, W. (Hrsg.): *Reflections on Kant's Philosophy*, Gainsville, 1975, 135-147.

Wahrig-Schmidt, Bettina: Müller und Kant - Aspekte ihrer Begegnung im Handbuch der Physiologie, in: Hagner, Michael & Wahrig-Schmidt, Bettina (Hrsg.): *Johannes Müller und die Philosophie*, Berlin, Akademie-Verlag, 1992, 45-63.

Wahsner, Renate: Mechanizism - Technizism - Organism: Der epistemologische Status der Physik als Gegenstand von Kants Kritik der Urteilskraft, in: Gloy, Karen & Burger, Paul (Hrsg.): *Die Naturphilosophie im deutschen Idealismus*, Stuttgart - Bad Cannstatt, Fromann, 1993, 1-23.

Warnke, Camilla: „Naturmechanismus" und „Naturzweck" - Bemerkungen zu Kants Organismus-Begriff, *Deutsche Zeitschrift für Philosophie*, Bd. 40 (1992), 42-52.

Weingarten, Michael: *Organismen - Objekte oder Subjekte der Evolution?*, Darmstadt, Wissenschaftliche Buchgesellschaft, 1993.

Wiener, Norbert & Rosenbluth, Arturo & Bigelow, Julian: Behavior, Purpose and Teleology, *Philosophy of Science* (1943), 18-24.

Wilson, Catherine: Leibniz and the Logic of Life, *Revue International de Philosophie*, Bd. 48 (1994), 237-253.

Wilson, Catherine: *Leibniz's metaphysics*, Princeton/ New Jersey, Princeton University Press, 1951.

Winsor, Mary P.: *Starfish, Jellyfish and the Order of Life*, New Haven, Yale University Press, 1976.

Wright, Larry: *Functions*, Philosophical Review, Bd. 82 (1973), 139-168.
Wundt, Max: *Kant als Metaphysiker*, Stuttgart, Ferdinand Enke, 1924.
Zammito, John H.: *The Genesis of Kant's Critique of Judgement*, Chicago, University of Chicago Press, 1992.
Zanetti, Veronique: Nomologie et antinomie - Lecture de deux antinomies, *Revue Internationale de Philosophie*, Bd. 175 (1990), 581-603. Übersetzt von Marga Hardes in: *Kant-Studien*, Bd. 84 (1993).
Zumbach, Clark: Kant's Argument for the Autonomy of Biology, *Nature and System*, Bd. 3 (1981), 67-79.
Zumbach, Clark: *The Transcendent Science. Kant's Conception of Biological Methodology*, The Hague, Nijhoff Publishers, 1984.